JN237335

# 新確率統計

Probability AND Statistics

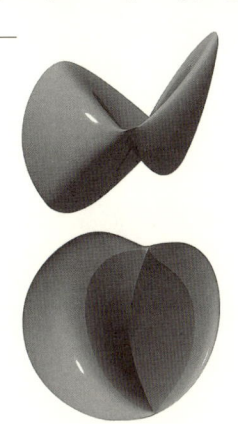

大日本図書

## まえがき

　本シリーズの初版が刊行されてから，まもなく47年になる．この間には状況に即し，広く自由な立場からみた編集委員の交代を緩やかに行い，改訂を重ねてきた．その結果，本シリーズは多くの高専・大学等で採用され，工学系や自然科学系の数学教育に微力ながらも貢献してきたものと思う．このことは，関係者にとって大きな励みであると同時に望外の喜びであった．しかし，前回の改訂から約10年が経過して，時代の流れと将来を見すえた見直しを求める声が多く聞かれるようになったこと，中学校と高等学校の教育課程が改定実施されたことを主な理由として，このたび新たなシリーズを編纂することにした．また，今回の改訂は6回目にあたるが，これまでの編集の精神を尊重しつつも，本シリーズを使用されている多くの方々からのご助言をもとにして，新しい感覚の編集を心がけて臨むこととした．

　本書は，確率，データの整理，確率分布，推定と検定の4章から成り，確率と統計の基礎を一通り学ぶことを目的としている．また，補章を設けて，本書の学習段階としては省かざるを得なかったいろいろな検定や回帰分析などを取り上げることにした．確率は，その歴史こそ新しいものの，それまでは予測不可能と考えられていた未来をも科学の対象とした学問分野として，現代においては至る所で用いられている．また，実験や計測や調査などでいろいろなデータが得られるが，それらのデータを扱う際には統計の知識が必要となる．すなわち，限られたデータから全体を把握するためには，確率を基礎とした統計的な解析が不可欠である．このため，確率と統計を学び，習熟することは，工学や自然科学を目指す学生にとって欠くことのできない事柄である．さらには，本書で学ぶことを通じて，確

率と統計という学問の興味深い内容に触れる一助になってほしいとも願っている．

　本書を執筆するにあたり，以下の点に留意した．
(1) 学生にわかりやすく，授業で使いやすいものとする．
(2) 従来の内容を大きく削ることなく，配列・程度・分量に充分な配慮をする．
(3) 理解を助ける図を多用し，例題を豊富にする．
(4) 本文中の問は本文の内容と直結させ，その理解を助けるためのものを優先する．
(5) さらに，問題集では，反復により内容の理解をより確かなものにするために，本文中の問と近い基本問題を多く取り入れる．
(6) 各章に関連する興味深い内容をコラムとして付け加える．

　今回の編集にあたっては，各著者が各章を分担執筆して，全員が原稿を通覧して検討会議を重ねた後，次に分担する章を交換して再び修正執筆することを繰り返した．この結果，全員が本書全体に筆を入れたことになり，1冊本としての統一のとれたものになったと思う．しかし，まだ不十分な点もあるかと思う．この点は今後ともご指摘をいただき，可能な限り訂正していきたい．終わりに，この本の編集にあたり，有益なご意見や，周到なご校閲をいただいた全国の多くの先生方に深く謝意を表したい．

平成 25 年 10 月

著者一同

# 目次

## 1章 確率

### §1 確率の定義と性質
1・1 確率の定義 ………………………… 1
1・2 確率の基本性質 …………………… 5
1・3 期待値 ……………………………… 9
練習問題 1−A ………………………… 11
練習問題 1−B ………………………… 12

### §2 いろいろな確率
2・1 条件つき確率と乗法定理 ………… 13
2・2 事象の独立 ………………………… 17
2・3 反復試行 …………………………… 20
2・4 ベイズの定理 ……………………… 22
練習問題 2−A ………………………… 26
練習問題 2−B ………………………… 27

## 2章 データの整理

### §1 1次元のデータ
1・1 度数分布 …………………………… 28
1・2 代表値 ……………………………… 30
1・3 散布度 ……………………………… 34
1・4 四分位と箱ひげ図 ………………… 39
練習問題 1−A ………………………… 42
練習問題 1−B ………………………… 43

### §2 2次元のデータ
2・1 相関 ………………………………… 44
2・2 回帰直線 …………………………… 48
練習問題 2−A ………………………… 53
練習問題 2−B ………………………… 54

## 3章 確率分布

### §1 確率変数と確率分布
1・1 確率変数と確率分布 ……………… 55
1・2 二項分布 …………………………… 59
1・3 ポアソン分布 ……………………… 61
1・4 連続型確率分布 …………………… 64
1・5 連続型確率変数の平均と分散 …… 68
1・6 正規分布 …………………………… 70
1・7 二項分布と正規分布の関係 ……… 74
練習問題 1−A ………………………… 76
練習問題 1−B ………………………… 77

### §2 統計量と標本分布
2・1 確率変数の関数 …………………… 78
2・2 母集団と標本 ……………………… 81
2・3 統計量と標本分布 ………………… 83
2・4 いろいろな確率分布 ……………… 86
練習問題 2−A ………………………… 92
練習問題 2−B ………………………… 93

## 4章 推定と検定

### §1 母数の推定
1・1 点推定 ……………………………… 94
1・2 母平均の区間推定 (1) …………… 97
1・3 母平均の区間推定 (2) …………… 99
1・4 母分散の区間推定 ………………… 101
1・5 母比率の区間推定 ………………… 102
練習問題 1−A ………………………… 105
練習問題 1−B ………………………… 106

### §2 統計的検定

| | | |
|---|---|---|
| 2・1 | 仮説と検定 | 107 |
| 2・2 | 母平均の検定 (1) | 110 |
| 2・3 | 母平均の検定 (2) | 113 |
| 2・4 | 母分散の検定 | 115 |
| 2・5 | 等分散の検定 | 117 |
| 2・6 | 母平均の差の検定 | 119 |
| 2・7 | 母比率の検定 | 121 |
| 練習問題 2-A | | 123 |
| 練習問題 2-B | | 124 |

### 5章　補章

#### §1　いろいろな検定
| | | |
|---|---|---|
| 1・1 | 適合度の検定 | 125 |
| 1・2 | 独立性の検定 | 127 |

#### §2　いろいろな確率分布と確率密度関数
| | | |
|---|---|---|
| 2・1 | 幾何分布 | 130 |
| 2・2 | 指数分布 | 132 |
| 2・3 | いろいろな確率密度関数 | 133 |
| 2・4 | 平均と分散の公式の証明 | 134 |

#### §3　回帰分析
| | | |
|---|---|---|
| 3・1 | 回帰モデル | 137 |
| 3・2 | 回帰係数の検定 | 141 |
| 3・3 | 重回帰モデル | 144 |

| | |
|---|---|
| 解答 | 147 |
| 索引 | 159 |
| 付表 | 163 |
| 付録 | 173 |

## ギリシャ文字

| 大文字 | 小文字 | 読み方 | 大文字 | 小文字 | 読み方 |
|---|---|---|---|---|---|
| A | $\alpha$ | アルファ | N | $\nu$ | ニュー |
| B | $\beta$ | ベータ（ビータ） | $\Xi$ | $\xi$ | クシー（グザイ） |
| $\Gamma$ | $\gamma$ | ガンマ | O | o | オミクロン |
| $\Delta$ | $\delta$ | デルタ | $\Pi$ | $\pi$ | パイ |
| E | $\varepsilon$ | イプシロン | P | $\rho$ | ロー |
| Z | $\zeta$ | ジータ（ツェータ） | $\Sigma$ | $\sigma, \varsigma$ | シグマ |
| H | $\eta$ | イータ（エータ） | T | $\tau$ | タウ |
| $\Theta$ | $\theta, \vartheta$ | シータ（テータ） | $\Upsilon$ | $\upsilon$ | ウプシロン |
| I | $\iota$ | イオタ | $\Phi$ | $\phi, \varphi$ | ファイ |
| K | $\kappa$ | カッパ | X | $\chi$ | カイ |
| $\Lambda$ | $\lambda$ | ラムダ | $\Psi$ | $\psi$ | プサイ（プシー） |
| M | $\mu$ | ミュー | $\Omega$ | $\omega$ | オメガ |

# 1章 確率

## §1 確率の定義と性質

### 1·1 確率の定義

　さいころを投げて1の目が出ること，1本のくじを引いてそれが当たりくじであること，ある交差点で交通事故が起こることなどは，その起こることが偶然に支配される現象とみられる．このような現象の起こりやすさの度合いを数値で表したものが**確率**である．ここでは，確率がどのように定められるか説明しよう．

　さいころを投げるときのように，同じ状態のもとで繰り返すことのできる実験や観測を**試行**といい，1の目が出るというような試行の結果として起こることがらを**事象**という．

　1つのさいころを投げるとき，「奇数の目が出る」という事象は

　　　　「1の目が出る」「3の目が出る」「5の目が出る」

の3つの事象に分けることができる．しかし，「1の目が出る」という事象は，もうこれ以上分けることができない．このように，それ以上分けることのできない事象を**根元事象**という．

　正しく作られたさいころは，1から6までの目が偏りなく出ると期待す

ることができる．このように，2つ以上の根元事象が同程度に起こると考えられるならば，それらの根元事象は**同様に確からしい**という．

試行 $T$ を行うとき，根元事象が全部で $N$ 通りあり，各根元事象が同様に確からしいとする．事象 $A$ が $n(A)$ 通りの根元事象からなるとき，事象 $A$ の起こる**確率**を $P(A)$ で表し，次のように定める．

―― 確率の定義 ――
$$P(A) = \frac{n(A)}{N} \tag{1}$$

**例1** 1枚の硬貨を投げるとき，根元事象は「表が出る」と「裏が出る」の2通りであり，これらは同様に確からしいから，硬貨を投げて表が出る確率は $\dfrac{1}{2}$ である．

**例2** 1つのさいころを投げるとき，根元事象は

「1の目が出る」「2の目が出る」 $\cdots$ 「6の目が出る」

の6通りあり，これらは同様に確からしい．そのうち，奇数の目が出る場合は3通りあるから，このさいころを投げて奇数の目が出る確率は $\dfrac{3}{6} = \dfrac{1}{2}$ である．

**問1** トランプ52枚をよく切って1枚を抜くとき，ハートが出る事象を $A$，絵札が出る事象を $B$ とする．$P(A)$, $P(B)$ を求めよ．

**例題1** 2枚の硬貨を投げるとき，2枚とも表である確率を求めよ．

**解** 2枚の硬貨を A, B とする．これらを投げるとき，起こり得るすべての場合は4通りあり，同様に確からしい．このうち，2枚とも表である場合は1通りである．

| 硬貨 A | 表 | 表 | 裏 | 裏 |
|---|---|---|---|---|
| 硬貨 B | 表 | 裏 | 表 | 裏 |

したがって，求める確率は $\dfrac{1}{4}$ //

(注) 例題1で，起こり得るすべて場合を，表と表，表と裏，裏と裏の3通りとするのは適切でない．これらの起こることは同様に確からしいといえないからである．

問2　3枚の硬貨を投げるとき，2枚が表，1枚が裏である確率を求めよ．

問3　2人がジャンケンをするとき，あいこになる確率を求めよ．

問4　2個のさいころを同時に投げて，出る目の和が5となる確率を求めよ．

確率の計算では，順列と組合せの公式がよく用いられる．

例題2　7本のくじの中に当たりくじが4本ある．このくじを3本引くとき，2本だけ当たる確率を求めよ．

解　7本のくじの中から3本を引くとき，起こり得るすべての場合の数は $_7C_3$ 通り．2本だけ当たることは，当たりくじ4本の中から2本と空くじ3本の中から1本を引くことになるから，その場合の数は

$$_4C_2 \times {}_3C_1 \text{ 通り}$$

したがって，求める確率は

$$\dfrac{_4C_2 \times {}_3C_1}{_7C_3} = \dfrac{6 \times 3}{35} = \dfrac{18}{35}$$ //

問5　白玉6個，黒玉4個が入っている袋から，同時に5個を取り出すとき，白玉が3個だけ含まれる確率を求めよ．

問6　1, 2, 3, 4, 5 の数字が書かれているカードが入っている箱がある．この箱から順に3枚のカードを取り出し，左から並べて3けたの整数を作るとき，500以上の偶数ができる確率を求めよ．

問7　3つのさいころを投げるとき，出る目がすべて異なる確率を求めよ．

1個の画びょうを投げるという試行においては，画びょうの針が上向きになる事象と下向きになる事象は同様に確からしいと仮定できない．したがって，針が上向きになる確率を $\frac{1}{2}$ とすることはできない．このような場合に，確率を定める方法について説明しよう．

次の表は，画びょうを投げる実験を繰り返し行って，投げた回数 $n$，針が上向きになった回数 $r$，およびその割合 $\frac{r}{n}$ をまとめたものである．

| $n$ | 100 | 500 | 1000 | 2000 | 3000 | 4000 | 5000 |
|---|---|---|---|---|---|---|---|
| $r$ | 53 | 284 | 569 | 1091 | 1659 | 2195 | 2751 |
| $r/n$ | 0.530 | 0.568 | 0.569 | 0.546 | 0.553 | 0.549 | 0.550 |

実験回数 $n$ が大きくなるにつれて割合 $\frac{r}{n}$ が安定し，0.55 に近い値をとるようになる．そこで，この値を画びょうが上向きになる確率と考えることにする．

一般に，試行 $T$ を $n$ 回繰り返したとき，事象 $A$ が $r$ 回起こったとする．このとき，$n$ を大きくするにつれて割合 $\frac{r}{n}$ が一定の値 $p$ に近づくならば，試行 $T$ を行うとき事象 $A$ の起こる確率は $p$ であると考えることにする．

問8 右の表は，2000 年から 2009 年における全国の男女の出生児数を示したものである．このとき，次の問いに答えよ．

(1) 各年における女児が出生する割合を求めよ．

(2) 女児が出生する確率はおよそどの程度といえるか．

| 年次 | 男児 | 女児 |
|---|---|---|
| 2000 | 612,148 | 578,399 |
| 2001 | 600,918 | 569,744 |
| 2002 | 592,840 | 561,015 |
| 2003 | 576,736 | 546,874 |
| 2004 | 569,559 | 541,162 |
| 2005 | 545,032 | 517,498 |
| 2006 | 560,439 | 532,235 |
| 2007 | 559,847 | 529,971 |
| 2008 | 559,513 | 531,643 |
| 2009 | 548,993 | 521,042 |

（厚労省「人口動態統計」による）

## 1·2 確率の基本性質

ある試行において，根元事象全体の集合を $\Omega$ とすると，この試行における事象はすべて $\Omega$ の部分集合で表すことができる．特に $\Omega$ で表される事象を**全事象**という．事象 $A, B$ がともに起こる事象を $A, B$ の**積事象**といい，$A \cap B$ で表す．また，事象 $A, B$ のうち少なくとも 1 つが起こる事象を $A, B$ の**和事象**といい，$A \cup B$ で表す．

事象 $A$ が起こらないことも一つの事象である．これを $A$ の**余事象**といい，$\overline{A}$ で表す．

これらの事象の関係は，次のように集合の**ベン図**を用いて表すことができる．

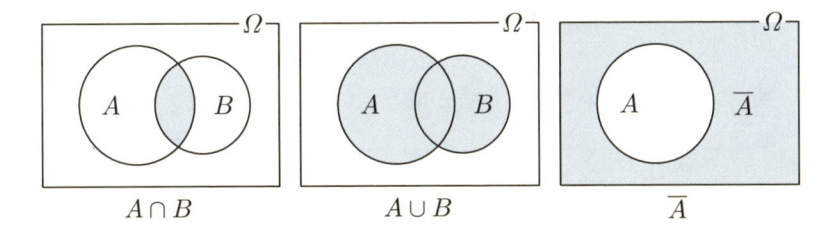

$A \cap B$　　　　　$A \cup B$　　　　　$\overline{A}$

**例3**　1つのさいころを投げるとき，1 から 6 のいずれかの目が出るから，全事象 $\Omega$ は，集合の記法を用いると次のように表される．

$$\Omega = \{1, 2, 3, 4, 5, 6\}$$

出る目の数が奇数である事象を $A$，出る目の数が 3 以上である事象を $B$ とすると，$A = \{1, 3, 5\}$，$B = \{3, 4, 5, 6\}$ だから

$$A \cap B = \{3, 5\},\ A \cup B = \{1, 3, 4, 5, 6\},\ \overline{A} = \{2, 4, 6\}$$

と表される．

決して起こらないことも一つの事象とみて**空事象**といい，$\phi$ で表す．
事象 $A, B$ が同時に起こらない，すなわち $A \cap B = \phi$ であるとき，事象

$A$, $B$ は**互いに排反**であるという．たとえば，「奇数の目が出る」と「6の目が出る」という事象は互いに排反である．

**問9** トランプ52枚をよく切って1枚を抜くとき，絵札が出る事象を $A$, ハートが出る事象を $B$ とする．次の問いに答えよ．

(1) $A \cap B$, $\overline{B}$, $\overline{A} \cap B$, $A \cup \overline{B}$ はそれぞれどのような事象か．

(2) $A \cup B$ と $C$ が互いに排反になるような事象 $C$ の例を作れ．

事象 $A$, $B$ が互いに排反であるとき，$A$, $B$ の起こる場合の数をそれぞれ $n(A)$, $n(B)$ とすると，$A \cup B$ の起こる場合の数は $n(A) + n(B)$ に等しい．したがって，全事象 $\Omega$ の場合の数を $n(\Omega)$ とすれば，2ページの (1) で定義された確率により

$$P(A \cup B) = \frac{n(A) + n(B)}{n(\Omega)} = \frac{n(A)}{n(\Omega)} + \frac{n(B)}{n(\Omega)} = P(A) + P(B)$$

一般に，確率について次の性質が成り立つ．

---
**確率の基本性質**

（Ⅰ） 任意の事象 $A$ に対して　　$0 \leqq P(A) \leqq 1$

（Ⅱ） $P(\Omega) = 1$, $P(\phi) = 0$

（Ⅲ） 事象 $A$, $B$ が互いに排反であるとき
　　　　$P(A \cup B) = P(A) + P(B)$

---

**例題3** 10本のくじの中に当たりくじが4本ある．このくじを3本引いて2本以上当たる確率を求めよ．

**解** 2本当たる事象を $A$, 3本当たる事象を $B$ とすると，2本以上当たる事象は $A \cup B$ である．

$$P(A) = \frac{{}_4\mathrm{C}_2 \times {}_6\mathrm{C}_1}{{}_{10}\mathrm{C}_3} = \frac{36}{120} = \frac{3}{10}$$

$$P(B) = \frac{{}_4C_3}{{}_{10}C_3} = \frac{4}{120} = \frac{1}{30}$$

$A$ と $B$ は互いに排反だから

$$P(A \cup B) = P(A) + P(B) = \frac{3}{10} + \frac{1}{30} = \frac{1}{3} \qquad //$$

**問10** 2つのさいころを投げるとき，目の和が6となる事象を $A$, 目の和が9となる事象を $B$ とする．次の確率を求めよ．

(1) $P(A)$ （2） $P(B)$ （3） $P(A \cup B)$

$A$ と $\overline{A}$ は互いに排反で，$A \cup \overline{A} = \Omega$ だから

$$P(A) + P(\overline{A}) = P(A \cup \overline{A}) = P(\Omega) = 1$$

したがって，事象 $A$ の余事象 $\overline{A}$ の確率について，次の等式が成り立つ．

$$\boldsymbol{P(\overline{A}) = 1 - P(A)}$$

**例4** 2つのさいころを投げるとき，両方とも1の目である確率は $\frac{1}{36}$

したがって，少なくとも1つが1の目でない確率は

$$1 - \frac{1}{36} = \frac{35}{36}$$

**問11** 袋の中に白玉4個，黒玉5個が入っている．これから3個の玉を取り出すとき，次の各事象が起こる確率を求めよ．

(1) 3個とも同色である． （2） 白玉と黒玉の両方が含まれる．

2つの事象 $A, B$ が必ずしも互いに排反でないとき，和事象 $A \cup B$ の確率を求める公式を導こう．

$C = A \cap B$, $D = A \cap \overline{B}$, $E = \overline{A} \cap B$

とおくと，これらは互いに排反であり

$A = C \cup D$

$B = C \cup E$

$A \cup B = C \cup D \cup E$

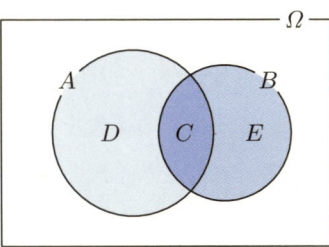

が成り立つから

$$P(A \cup B) = P(C) + P(D) + P(E)$$
$$= P(C) + (P(A) - P(C)) + (P(B) - P(C))$$
$$= P(A) + P(B) - P(C)$$

したがって，次の確率の**加法定理**が得られる．

―― 確率の加法定理 ――
$$P(A \cup B) = P(A) + P(B) - P(A \cap B)$$

(注) 2つの事象 $A$, $B$ が互いに排反，すなわち，$A \cap B = \phi$ であるとき，$P(A \cap B) = 0$ となるから

$$P(A \cup B) = P(A) + P(B) - 0 = P(A) + P(B)$$

これは6ページの確率の基本性質の (III) と一致する．

**例題 4** トランプ 52 枚をよく切って1枚を抜くとき，ハートまたは絵札が出る確率を求めよ．

**解** ハートが出る事象を $A$，絵札が出る事象を $B$ とすると

$$P(A) = \frac{13}{52} = \frac{1}{4}, \quad P(B) = \frac{12}{52} = \frac{3}{13}, \quad P(A \cap B) = \frac{3}{52}$$

ハートまたは絵札が出る確率は，確率の加法定理により

$$P(A \cup B) = \frac{1}{4} + \frac{3}{13} - \frac{3}{52} = \frac{11}{26} \qquad /\!/$$

**問 12** 袋の中に赤玉，白玉，黒玉が 10 個ずつ，それぞれ 1 から 10 までの番号がつけられて入っている．この袋の中から玉を 1 つ取り出すとき，赤玉である事象を $A$，番号が 1, 2, 3 のいずれかである事象を $B$ とする．このとき，次の確率を求めよ．

(1) $P(A \cup B)$   (2) $P(\overline{A} \cup B)$   (3) $P(A \cup \overline{B})$

## 1·3 期待値

1000本のくじに，右の表のような賞金がついている．この中から1本のくじを引くとき，どれだけの賞金が期待されるかを考えよう．

|  | 賞金 | 本数 |
|---|---|---|
| 1等 | 10000円 | 5本 |
| 2等 | 1000円 | 20本 |
| 3等 | 200円 | 75本 |
| はずれ | 0円 | 900本 |
| 計 |  | 1000本 |

賞金の総額は

$$10000 \times 5 + 1000 \times 20 + 200 \times 75 + 0 \times 900 = 85000 \text{ (円)}$$

したがって，1本あたりの賞金の平均は

$$\frac{1}{1000}(10000 \times 5 + 1000 \times 20 + 200 \times 75 + 0 \times 900) = 85 \text{ (円)}$$

である．この値が1本のくじに期待される金額である．

上の式は次のように，各賞金額とそのくじに当たる確率との積の総和として表すことができる．

$$10000 \times \frac{5}{1000} + 1000 \times \frac{20}{1000} + 200 \times \frac{75}{1000} + 0 \times \frac{900}{1000} = 85 \text{ (円)}$$

一般に，試行の結果によって得られる値 $x$ が $x_1, x_2, \cdots, x_n$ のいずれかをとり，これらの値をとる確率がそれぞれ $p_1, p_2, \cdots, p_n$ のとき

$$E = x_1 p_1 + x_2 p_2 + \cdots + x_n p_n \tag{1}$$

を $x$ の**期待値**（**平均**）という．ここで，$p_1 + p_2 + \cdots + p_n = 1$ である．

**例5** 1個のさいころを投げるとき，各目の出る確率はすべて $\frac{1}{6}$ だから，出る目の期待値 $E$ は

$$E = 1 \times \frac{1}{6} + 2 \times \frac{1}{6} + 3 \times \frac{1}{6} + 4 \times \frac{1}{6} + 5 \times \frac{1}{6} + 6 \times \frac{1}{6}$$
$$= (1+2+3+4+5+6) \times \frac{1}{6} = \frac{7}{2}$$

**問13** 2枚の硬貨を投げるとき，表の出る枚数の期待値を求めよ．

**例題 5** 10本のくじの中に当たりくじが3本ある．これから4本引くとき，当たる本数の期待値を求めよ．

**解** 当たる本数を $x$ で表すと，$x$ のとりうる値は $0, 1, 2, 3$ である．

$x$ が値 $k$ $(k=0, 1, 2, 3)$ をとる確率を $P(x=k)$ と書くことにすると

$$P(x=0) = \frac{{}_3C_0 \times {}_7C_4}{{}_{10}C_4} = \frac{1}{6}$$

$$P(x=1) = \frac{{}_3C_1 \times {}_7C_3}{{}_{10}C_4} = \frac{1}{2}$$

$$P(x=2) = \frac{{}_3C_2 \times {}_7C_2}{{}_{10}C_4} = \frac{3}{10}$$

$$P(x=3) = \frac{{}_3C_3 \times {}_7C_1}{{}_{10}C_4} = \frac{1}{30}$$

よって，期待値 $E$ は

$$E = 0 \times \frac{1}{6} + 1 \times \frac{1}{2} + 2 \times \frac{3}{10} + 3 \times \frac{1}{30} = \frac{12}{10} = 1.2 \qquad //$$

**問 14** 1個のさいころを投げて，3以下の目が出ると100円，4または5の目が出ると250円，6の目が出ると400円の賞金が得られるとする．この試行において，賞金額の期待値を求めよ．

**問 15** 2個のさいころを投げて，大きい目の数から小さい目の数を引いた値を $x$ で表す．ただし，2つの目が等しいときは $x=0$ とする．このとき，次の問いに答えよ．

(1) $x=0$ の確率を求めよ．

(2) $x=3$ の確率を求めよ．

(3) $x$ の期待値を求めよ．

## 練習問題 1-A

1. 5個の文字 $a, b, c, d, e$ が 1 つずつ書かれたカードの入っている箱がある．この箱から順にカードを取り出し，横 1 列に並べるとき，$a$ と $b$ が隣り合う確率を求めよ．

2. 袋の中に 1 から 4 までの数字が記された玉が 3 個ずつと，5 から 7 までの数字が記された玉が 2 個ずつの計 18 個が入っている．この袋の中から 1 つの玉を取り出すとき，玉の数字が奇数である事象を $A$ とし，1, 2, 3, 4 のいずれかである事象を $B$ とする．このとき，次の確率を求めよ．

   (1) $P(\overline{A})$　　　　(2) $P(A \cap B)$　　　　(3) $P(A \cup B)$

3. 1, 2, 3, 4, 5 の書かれた 5 枚のカードをよく切り，1 枚ずつ抜いて左から並べて 5 けたの数を作るとき，22000 以下になる確率を求めよ．

4. 3 通の手紙の入った箱 A とそれに対応した宛名を書いた封筒の入った箱 B がある．いま，箱 A から手紙を勝手に 1 通ずつとり，箱 B から勝手にとった封筒に入れるとき，少なくとも 1 通は正しく入れられる確率を求めよ．

5. 3 つのさいころを投げるとき，出る目の最大値が 6 である確率を求めよ．

6. トランプ 52 枚をよく切って 2 枚を抜くとき，2 枚ともハートであるか，2 枚とも絵札である確率を求めよ．

7. 1 個のさいころを 2 回投げるとき，出る目の和の期待値を求めよ．

## 練習問題 1-B

1. 大小 2 つのさいころを投げて出る目の数をそれぞれ $r_1$, $r_2$ とする.
   (1) $r_1 = r_2$ となる確率を求めよ.
   (2) $r_1 > r_2$ となる確率を求めよ.
   (3) $r_1 \neq r_2$ で $r_1$, $r_2$ の大きい方が $r$ となる事象を $A_r$ とするとき, $P(A_1)$, $P(A_2)$, $\cdots$, $P(A_6)$ を求めよ.

2. $P(A) = \dfrac{1}{2}$, $P(B) = \dfrac{1}{3}$, $P(A \cap B) = \dfrac{1}{4}$ のとき, 次の確率を求めよ.
   (1) $P(A \cup B)$  (2) $P(A \cap \overline{B})$  (3) $P(\overline{A} \cup B)$

3. 3 つの事象 $A$, $B$, $C$ に対して次の等式が成り立つことを証明せよ.
$$P(A \cup B \cup C) = P(A) + P(B) + P(C) \\ - P(A \cap B) - P(B \cap C) - P(C \cap A) + P(A \cap B \cap C)$$

4. 1 から 100 までの整数の中から, 1 つの数を任意に選び出したとき, その数が 2 の倍数または 3 の倍数または 5 の倍数である確率を求めよ.

5. 赤玉 3 個, 白玉 5 個が入っている袋がある. この袋から玉を 3 個同時に取り出し, 取り出された赤玉 1 個について賞金 100 円を受け取るゲームがある. このゲームの参加料が 120 円であるとき, このゲームに参加することは有利であるか不利であるかを, 受け取る金額の期待値と参加料とを比較することによって判定せよ.

## §2 いろいろな確率

### 2·1 条件つき確率と乗法定理

英語と数学の試験を 100 人の学生が受験した．英語の試験の合格者は 50 人，数学の試験の合格者は 40 人，英語と数学の両方に合格した学生は 24 人であった．今，100 人の受験生から 1 人を任意に選んだところ，英語の試験に合格していた．この学生が数学の試験にも合格している確率を求めよう．

選ばれた学生が，英語に合格していること，および数学に合格していることの 2 つの事象をそれぞれ $A, B$ とすると

$$P(A) = \frac{50}{100},\ P(B) = \frac{40}{100},\ P(A \cap B) = \frac{24}{100}$$

である．選ばれた学生が英語に合格していることがわかっている場合は，事象 $A$ を全事象と考えればよいから，求める確率は

$$\frac{n(A \cap B)}{n(A)} = \frac{24}{50} = \frac{12}{25} \tag{1}$$

となる．この確率を，事象 $A$ が起こったという条件のもとで事象 $B$ の起こる**条件つき確率**といい，$P_A(B)$ で表す．

(注) $P_A(B)$ を $P(B|A)$ と書くこともある．

条件つき確率 (1) は次のように変形することができる．

$$P_A(B) = \frac{24}{50} = \frac{\frac{24}{100}}{\frac{50}{100}} = \frac{P(A \cap B)}{P(A)}$$

一般に，$P(A) > 0$ である事象 $A$ が起こったという条件のもとで事象 $B$ の起こる**条件つき確率** $P_A(B)$ を

$$\boldsymbol{P_A(B) = \frac{P(A \cap B)}{P(A)}} \tag{2}$$

で定義する．

**例題 1** よく切ったトランプ 52 枚から 1 枚を抜くとき，その札がハートである事象を $A$，絵札である事象を $B$ とする．このとき $P_A(B)$ および $P_B(A)$ を求めよ．

**解** $P(A) = \dfrac{13}{52}$, $P(B) = \dfrac{12}{52}$, $P(A \cap B) = \dfrac{3}{52}$ だから

$$P_A(B) = \frac{P(A \cap B)}{P(A)} = \frac{\frac{3}{52}}{\frac{13}{52}} = \frac{3}{13}$$

$$P_B(A) = \frac{P(A \cap B)}{P(B)} = \frac{\frac{3}{52}}{\frac{12}{52}} = \frac{1}{4} \qquad /\!/$$

**問 1** 1, 2, 3, 4 組に編成されている学年を対象に数学のテストを行い，80 点以上の得点者数を調べた．この学年の学生をくじ引きで 1 名選ぶとき，その学生が 1 組に属する事象を $A$，その学生の得点が 80 点以上である事象を $B$ とする．このとき $P_A(B)$ および $P_B(A)$ を求めよ．

| 組 | 受験者 | 80 点以上 |
|---|---|---|
| 1 組 | 40 | 15 |
| 2 組 | 40 | 13 |
| 3 組 | 40 | 14 |
| 4 組 | 40 | 12 |
| 計 | 160 | 54 |

条件つき確率の定義式 (2) から，次の確率の**乗法定理**が得られる．

---
**確率の乗法定理**

$P(A) > 0$, $P(B) > 0$ のとき

$$P(A \cap B) = P(A) P_A(B) = P(B) P_B(A) \tag{3}$$

---

**例 1** $P(A) = \dfrac{5}{7}$, $P_A(B) = \dfrac{3}{4}$, $P_{\overline{A}}(B) = \dfrac{1}{3}$ のとき

$$P(A \cap B) = P(A) P_A(B) = \frac{5}{7} \times \frac{3}{4} = \frac{15}{28}$$

$$P(\overline{A} \cap B) = P(\overline{A}) P_{\overline{A}}(B) = \frac{2}{7} \times \frac{1}{3} = \frac{2}{21}$$

**例題 2** 8本のくじの中に当たりくじが2本あり，A，Bの2人が順に1本ずつ引くとき，次の確率を求めよ．ただし，Aは引いたくじを戻さないとする．

(1) Aが当たる
(2) Aが当たってBも当たる
(3) AがはずれてBが当たる
(4) Bが当たる

**解** Aが当たる事象を $A$，Bが当たる事象を $B$ とするとき
$$P_A(B) = \frac{1}{7}, \quad P_{\overline{A}}(B) = \frac{2}{7}$$
であることを用いる．

(1) $P(A) = \dfrac{2}{8} = \dfrac{1}{4}$

(2) $P(A \cap B) = P(A)P_A(B) = \dfrac{1}{4} \times \dfrac{1}{7} = \dfrac{1}{28}$

(3) $P(\overline{A} \cap B) = P(\overline{A})P_{\overline{A}}(B) = \dfrac{6}{8} \times \dfrac{2}{7} = \dfrac{3}{14}$

(4) $P(B) = P(A \cap B) + P(\overline{A} \cap B) = \dfrac{1}{28} + \dfrac{3}{14} = \dfrac{1}{4}$ //

**問 2** 2個のさいころを同時に投げて，2個のさいころの出る目がともに偶数である事象を $A$，2個の出る目の和が3の倍数である事象を $B$ で表すとき，次の確率を求めよ．

(1) $P(A)$　　(2) $P_A(B)$　　(3) $P(A \cap B)$

3個の事象 $A, B, C$ について，$P(A \cap B) > 0$ のとき
$$P(A \cap B \cap C) = P((A \cap B) \cap C)$$
$$= P(A \cap B)P_{A \cap B}(C)$$
したがって，14ページの (3) より次の公式が成り立つ．
$$P(A \cap B \cap C) = P(A)P_A(B)P_{A \cap B}(C)$$

**例題 3** ある日の鉄道の乗客のうち 40％ が定期券の利用者で，そのうちの 15％ が通学定期券の利用者である．さらにそのうちの 30％ が大学生である．乗客の中から任意に 1 人を選び出したとき，その人が大学生の通学定期券利用者である確率を求めよ．

**解** 選ばれた乗客が定期券利用者である事象を $A$，通学定期の利用者である事象を $B$，大学生である事象を $C$ で表すと
$$P(A) = \frac{40}{100},\ P_A(B) = \frac{15}{100},\ P_{A\cap B}(C) = \frac{30}{100}$$
だから，求める確率は
$$\begin{aligned}P(A\cap B\cap C) &= P(A)P_A(B)P_{A\cap B}(C)\\ &= \frac{40}{100}\times\frac{15}{100}\times\frac{30}{100} = \frac{9}{500}\end{aligned}$$ //

**問 3** あるクラスで国語，数学，英語の学力テストを行ったところ，国語の得点が 70 点以上の者が 7 割あり，そのうちの 6 割は数学の得点も 70 点以上で，さらにそのうちの 4 割は英語の得点も 70 点以上であった．このクラスの学生をくじ引きで 1 名選ぶとき，その学生の国語，数学，英語の得点がどれも 70 点以上である確率を求めよ．

**問 4** 20 本のくじの中に当たりくじが 4 本あり，A，B，C の 3 人が順に 1 本ずつ引くとき，次の確率を求めよ．ただし，引いたくじを戻さないとする．

(1) A が当たる確率

(2) B が当たる確率

(3) A も B も当たって，C も当たる確率

(4) A が当たり B ははずれて，C が当たる確率

(5) C が当たる確率

## 2・2 事象の独立

さいころを2回投げるとき，1回目に1の目が出る事象を $A$，2回目に1の目が出る事象を $B$ とする．

このとき，1回目と2回目の目の組合せは全部で36通りあり，そのうち，事象 $B$ が起こるのは6通りあるから

$$P(B) = \frac{6}{36} = \frac{1}{6}$$

である．また，事象 $A$ が起こったとするとき，2回目の目の出方は6通りあり，そのうち，事象 $B$ が起こるのは1通りだから

$$P_A(B) = \frac{1}{6}$$

したがって，次の等式が成り立つ．

$$\boldsymbol{P_A(B) = P(B)} \tag{1}$$

すなわち，事象 $A$ が起こったという条件のもとで事象 $B$ の起こる条件つき確率と事象 $B$ の起こる確率とは等しい．

一方，15ページの例題2では

$$P_A(B) = \frac{1}{7},\ P(B) = \frac{1}{4}$$

となるから，(1) の等式は満たされない．

すなわち，事象 $B$ の起こる確率は事象 $A$ が起こったかどうかに影響を受けているといえる．

一般に，$P(A) > 0$ である事象 $A$ と事象 $B$ の間に，(1) の関係が成り立つとき，$B$ は $A$ に **独立** であるという．

このとき，14ページの確率の乗法定理より

$$P(A \cap B) = P(A)P_A(B) = P(A)P(B)$$

したがって，次の等式が成り立つ．

―――― 事象の独立 ――――
$$P(A \cap B) = P(A)P(B) \qquad (2)$$

逆に，$P(A) > 0$ のとき，(2) が成り立つとすると，13 ページの (2) より
$$P_A(B) = \frac{P(A \cap B)}{P(A)} = \frac{P(A)P(B)}{P(A)} = P(B)$$
したがって，$B$ は $A$ に独立である．

また，$P(B) > 0$ のとき，(2) が成り立つとすると
$$P_B(A) = \frac{P(B \cap A)}{P(B)} = \frac{P(B)P(A)}{P(B)} = P(A)$$
となり，$A$ は $B$ に独立になる．すなわち，$P(A) > 0$, $P(B) > 0$ のとき，$A$ と $B$ は**互いに独立**である．

**例題 4** 大小 2 個のさいころを同時に投げるとき，大きいさいころの目が 3 以下である事象を $A$，小さいさいころの目が 3 の倍数である事象を $B$ とするとき，$A$ と $B$ は互いに独立であるかどうかを調べよ．

**解** $P(A) = \dfrac{3}{6} = \dfrac{1}{2}$, $P(B) = \dfrac{2}{6} = \dfrac{1}{3}$

大きいさいころの目を $x$，小さいさいころの目を $y$ とすると，$A \cap B$ が起こるのは，$x = 1, 2, 3$ と $y = 3, 6$ の組合せの 6 通りの場合だから
$$P(A \cap B) = \frac{6}{36} = \frac{1}{6} = P(A)P(B)$$
したがって，$A$ と $B$ は互いに独立である． //

**問 5** 1 から 600 までの整数から 1 つの数を選ぶとき，それが偶数である事象を $A$，3 の倍数である事象を $B$ とすると，$A$ と $B$ とは互いに独立であるといってよいか．また，1 から 400 までの整数から選ぶ場合はどうか．

色の違ういくつかの玉が入っている袋の中から 1 個ずつ玉を取り出すような場合，取り出し方には次の 2 通りがある．

(Ⅰ)　取り出した玉の色を調べて袋へ戻し，次の玉を取り出す．
(Ⅱ)　取り出した玉を袋に戻さないで，次の玉を取り出す．

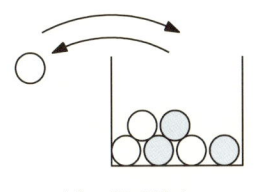

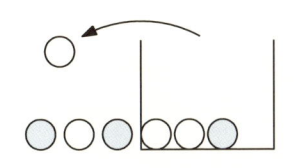

　　　　(Ⅰ)　復元抽出　　　　　(Ⅱ)　非復元抽出

　(Ⅰ) の取り出し方を**復元抽出**，(Ⅱ) の取り出し方を**非復元抽出**という．復元抽出のときは，1 回目の結果は 2 回目の結果に影響を及ぼさないから，2 つの結果は互いに独立である．

---

**例題 5**　赤玉 3 個，白玉 3 個の入っている袋から 1 個ずつ 2 回取り出すとき，赤玉，白玉の順に出る確率を次の取り出し方について求めよ．

(1)　復元抽出で取り出す　　　　(2)　非復元抽出で取り出す

---

**解**　1 回目に赤玉が出る事象を $A$，2 回目に白玉が出る事象を $B$ とするとき，$P(A \cap B)$ が求める確率である．

(1) $A$ と $B$ は互いに独立だから
$$P(A \cap B) = P(A)P(B) = \frac{3}{6} \times \frac{3}{6} = \frac{1}{4}$$

(2) 確率の乗法定理より
$$P(A \cap B) = P(A)P_A(B) = \frac{3}{6} \times \frac{3}{5} = \frac{3}{10}　　//$$

**問 6**　8 本のくじの中に当たりくじが 2 本含まれている．このくじを 1 本ずつ 2 回引くとき，2 本とも当たらない確率を次の場合について求めよ．

(1)　復元抽出で引く　　　　　(2)　非復元抽出で引く

## 2·3 反復試行

1枚の硬貨を繰り返し投げたり，袋から玉を復元抽出によって続けて取り出すなどのように，1つの試行を反復して行うことを考えよう．

この試行を$n$回反復するとき，1回目の試行$T_1$に関する事象を$A_1$，2回目の試行$T_2$に関する事象を$A_2$，$\cdots$とすると，次の等式が成り立つ．

$$P(A_1 \cap A_2 \cap \cdots \cap A_n) = P(A_1)P(A_2)\cdots P(A_n) \qquad (1)$$

さらに，$A_1, A_2, \cdots, A_n$から任意にとった事象の組について，(1)と同様な等式が成り立つ．このとき，事象$A_1, A_2, \cdots, A_n$は**独立**であるという．また，試行$T_1, T_2, \cdots, T_n$は**独立**であるという．

赤玉が3個，白玉が6個入っている袋から1個ずつ5回玉を復元抽出する反復試行において，赤玉がちょうど2回出る確率を求めよう．

$k = 1, 2, 3, 4, 5$とし，$k$回目の試行において，赤玉が取り出されるという事象を$A_k$とすると，白玉が取り出されるという事象は余事象$\overline{A_k}$で与えられる．それぞれの確率は

$$P(A_k) = \frac{1}{3}, \; P(\overline{A_k}) = \frac{2}{3} \qquad (k = 1, 2, 3, 4, 5)$$

である．5回中2回だけ赤玉が出るという事象を，何回目に赤玉が出るかで区別して考えると

「赤赤白白白」「赤白赤白白」$\cdots$「白白白赤赤」

であり，全部で${}_5C_2 = 10$通りある．「赤赤白白白」の順で出る事象は$A_1 \cap A_2 \cap \overline{A_3} \cap \overline{A_4} \cap \overline{A_5}$と表される．(1)より

$$P(A_1 \cap A_2 \cap \overline{A_3} \cap \overline{A_4} \cap \overline{A_5}) = P(A_1)P(A_2)P(\overline{A_3})P(\overline{A_4})P(\overline{A_5})$$
$$= \left(\frac{1}{3}\right)^2 \left(\frac{2}{3}\right)^3$$

他の9通りの事象が起こる確率も同じ値になり，これらの事象は互いに排反だから，求める確率は次のようになる．

$$\,_5C_2\left(\frac{1}{3}\right)^2\left(\frac{2}{3}\right)^3 = 10 \times \frac{8}{243} = \frac{80}{243}$$

一般に，次の公式が成り立つ．

---
**反復試行の確率**

試行 $T$ を 1 回行うとき，事象 $A$ の起こる確率を $p$ とする．この試行 $T$ を同じ条件で $n$ 回行うとき，事象 $A$ が $k$ 回起こる確率は

$$\,_nC_k p^k q^{n-k} \quad (q = 1-p,\ k = 0, 1, 2, \cdots, n)$$

---

**例題 6** 1つのさいころを4回投げるとき，次の確率を求めよ．

(1) 1の目が2回出る確率　　(2) 1の目が2回以上出る確率

**解** 上の公式で，$n=4,\ p=\dfrac{1}{6},\ q=1-\dfrac{1}{6}=\dfrac{5}{6}$ とおく．

このとき，1の目が $k$ 回出る事象を $A_k$ とすると

$$P(A_k) = {}_4C_k\left(\frac{1}{6}\right)^k\left(\frac{5}{6}\right)^{4-k} \quad (k = 0, 1, 2, 3, 4)$$

となる．

(1) $P(A_2) = {}_4C_2\left(\dfrac{1}{6}\right)^2\left(\dfrac{5}{6}\right)^2 = \dfrac{25}{216}$

(2) この事象は，$A_0 \cup A_1$ の余事象だから，求める確率は

$$1 - P(A_0 \cup A_1) = 1 - (P(A_0) + P(A_1))$$

$$= 1 - \left\{{}_4C_0\left(\frac{1}{6}\right)^0\left(\frac{5}{6}\right)^4 + {}_4C_1\left(\frac{1}{6}\right)^1\left(\frac{5}{6}\right)^3\right\}$$

$$= 1 - \frac{125}{144} = \frac{19}{144} \qquad //$$

**問7** ある野球選手は，平均して3回の打席につき1本のヒットを打つという．この選手が5回の打席で3本のヒットを打つ確率を求めよ．

**問8** 硬貨を6回投げるとき，次の事象の起こる確率を求めよ．

(1) 表が3回出る確率　　(2) 少なくとも1回表が出る確率

## 2·4 ベイズの定理

低気圧が発達すると雨が降りやすいことが知られている．天気の状態を低気圧が発達しているかどうかで分けて考え，低気圧が発達するという事象を $A_1$，発達しないという事象を $A_2$，雨が降るという事象を $B$ とおく．

このとき，低気圧が発達していることが原因で雨が降る確率は，条件つき確率 $P_{A_1}(B)$ で表される．逆に，雨が降っているときに，その原因が低気圧が発達したことによる確率は $P_B(A_1)$ で表される．この確率 $P_B(A_1)$ がどのように計算されるかを考えよう．

条件つき確率の定義から

$$P_B(A_1) = \frac{P(A_1 \cap B)}{P(B)} = \frac{P(A_1)P_{A_1}(B)}{P(B)} \tag{1}$$

$A_1$ と $A_2$ は互いに排反だから，$A_1 \cap B$, $A_2 \cap B$ も互いに排反であり，$A_1 \cup A_2 = \Omega$ より，$(A_1 \cap B) \cup (A_2 \cap B) = B$ が成り立つ．

したがって

$$\begin{aligned} P(B) &= P(A_1 \cap B) + P(A_2 \cap B) \\ &= P(A_1)P_{A_1}(B) + P(A_2)P_{A_2}(B) \end{aligned} \tag{2}$$

以上より，次の等式が成り立つ．

$$P_B(A_1) = \frac{P(A_1)P_{A_1}(B)}{P(A_1)P_{A_1}(B) + P(A_2)P_{A_2}(B)} \tag{3}$$

この等式は，事象 $B$ が起こったときにその原因が事象 $A_1$ である確率を求めるためのものである．その意味で，原因 $A_i$ の起こる確率 $P(A_i)$ を**事前確率**，$B$ が起こったとき，その原因が $A_i$ である確率 $P_B(A_i)$ を**事後確率**という．

一般に，事前確率と事後確率の間に次の**ベイズの定理**が成り立つ．

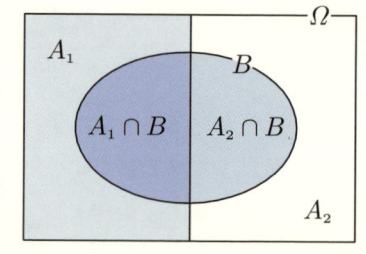

## §2 いろいろな確率

---- ベイズの定理 ----

事象 $A_1, A_2, \cdots, A_n$ が互いに排反で，
$$A_1 \cup A_2 \cup \cdots \cup A_n = \Omega, P(A_k) > 0 \quad (k = 1, 2, \cdots, n)$$
とする．このとき，$P(B) > 0$ である事象 $B$ について次が成り立つ．
$$P_B(A_k) = \frac{P(A_k)P_{A_k}(B)}{P(B)} = \frac{P(A_k)P_{A_k}(B)}{\sum_{i=1}^{n} P(A_i)P_{A_i}(B)} \quad (k = 1, 2, \cdots, n)$$

---

**例題 7** ある工場では，単位時間あたり $M_1$ の機械は 10 個，$M_2$ の機械は 15 個の速さで同じ製品を作っている．$M_1$ による製品には 3 ％，$M_2$ による製品には 4 ％の割合で不良品が含まれている．いま，一定の時間に $M_1, M_2$ により作られた製品全体の中から任意に取り出した 1 個が不良品であるとき，これが $M_1$ により作られた製品である確率を求めよ．

**解** 任意に取り出した製品が $M_1, M_2$ の機械で作られたものであるという事象をそれぞれ $A_1, A_2$，不良品であるという事象を $B$ で表すと
$$P(A_1) = \frac{10}{25}, \quad P(A_2) = \frac{15}{25}$$
$$P_{A_1}(B) = \frac{3}{100}, \quad P_{A_2}(B) = \frac{4}{100}$$
したがって，求める確率 $P_B(A_1)$ は，ベイズの定理により
$$P_B(A_1) = \frac{\frac{10}{25} \times \frac{3}{100}}{\frac{10}{25} \times \frac{3}{100} + \frac{15}{25} \times \frac{4}{100}} = \frac{1}{3} \qquad //$$

**問 9** ある工場では従業員の 75 ％が男性で，男性のうち 40 ％の人が社宅に住み，女性の中の 20 ％の人が社宅に住んでいる．社宅に住んでいる従業員の中からくじで 1 名選ぶとき，その従業員が男性である確率を求めよ．

問10　ある会社は，A, B, C 社から同じ製品を 2 : 3 : 5 の比率で購入している．これらの中から任意に 1 個を取り出したところ，不良品であった．A, B, C 社の製品にはそれぞれ 2.5％, 1.5％, 1％ の割合で不良品が含まれていることが知られている．このとき，次の確率を求めよ．

(1) これらの製品から任意に取り出した 1 個が不良品である確率

(2) 取り出された不良品が A, B, C 社の製品である確率

> **コラム** 確率論の成立

硬貨を投げて，表が出たらAの得点，裏が出たらBの得点とし，先に6点を得た者に賞金を与えるゲームを考える．いま，Aが5点，Bが3点となった時点で，ゲームを中止せざるを得ない状況になったとしたならば，賞金をどのように分けたらよいか．

この問題は，イタリアの数学者で近代会計学の父と呼ばれるルカ・パチョーリの著書 (1494年) の中で取り上げられている．パチョーリは，そのときの得点比 5:3 によって賞金を分配すればよいとしたが，後にイタリアの数学者ジェロラモ・カルダーノ (1501–1576) によって，誤りを指摘されることとなった．カルダーノは，得られた得点よりも，ゲームに勝つためにあと何点必要かが重要であるとしたが，正解を得ることはできなかった．彼の洞察は正しかったものの，「未来については何も知ることができない」という当時の常識を脱却するまでには至らなかったのである．

パチョーリの問題を完全に解いたのは，フランスの数学者ピエール・ド・フェルマーとブレーズ・パスカルである．仮にゲームを継続したとすれば，勝敗が決まるためには，硬貨を3回投げればよい．そのときの出方は

(表, 表, 表), (表, 表, 裏), (表, 裏, 表), (表, 裏, 裏)
(裏, 表, 表), (裏, 表, 裏), (裏, 裏, 表), (裏, 裏, 裏)

の8通りある．このうち，Bが勝つのは，(裏, 裏, 裏) の1通りしかないから，賞金の $\frac{7}{8}$ をAに，$\frac{1}{8}$ をBに与えるべきである．

1654年8月に始まる2人の一連の手紙のやりとりによって，未来を科学の対象とする確率論の基礎が作られていった．さらに，フランスの数学者ピエール・シモン・ラプラスは，18世紀から19世紀にかけて，この章で述べた確率の定義に基づいて確率論を構築した．これを「古典的確率論」という．20世紀になり，ロシアの数学者アンドレイ・コルモゴロフは確率論の数学的な枠組みを作り，「現代確率論」を確立した．

## 練習問題 2-A

1. A中学校，B中学校では，それぞれ，全生徒の $\frac{2}{3}$, $\frac{3}{5}$ の者が塾に通っているという．くじ引きでA中学校から15人，B中学校から25人の生徒を選び，この中から1人の生徒を任意に選ぶとき
   (1) この生徒がA中学校の生徒で，塾に通っている確率を求めよ．
   (2) この生徒が塾に通っている確率を求めよ．

2. 赤玉4個と白玉2個が入っている袋の中から，1個ずつ5回玉を復元抽出するとき，次の事象の起こる確率を求めよ．
   (1) 赤玉が出ない確率
   (2) 赤玉が1回出る確率
   (3) 赤玉が2回以上出る確率

3. 6本のくじの中に当たりくじが2本ある．A，B2人が順に2本ずつ引くとき，次の確率を求めよ．ただし非復元抽出とする．
   (1) AもBも当たる確率
   (2) Aがはずれ，Bが当たる確率
   (3) Bが当たる確率

4. 赤玉2個，白玉6個の入っている袋と，赤玉3個，白玉9個の入っている袋からそれぞれ2個ずつの玉を同時に取り出す．赤玉が合計3個出る確率を求めよ．

5. 5個の玉の入った袋が6袋あり，そのうちの1袋，2袋，3袋には白玉がそれぞれ1個，2個，3個入っている．いま1つの袋を任意に選び，その中から玉を1個取り出したところ白玉であった．この袋に残っている白玉の個数が2である確率を求めよ．

## 練習問題 2-B

1. 2つの事象 $A, B$ について，$A$ と $B$ が互いに独立であれば，$A$ と $\overline{B}$ も互いに独立であることを証明せよ．

2. AはBには見えないように大小2つのさいころを投げ，Bが目の和が偶数であるかどうかを当てるゲームをする．
   (1) さいころの目の和が偶数である事象を $U$，大きいさいころの目が3以下である事象を $V$，小さいさいころの目が3以下である事象を $W$ とするとき，$U$ と $V$，$U$ と $W$ は互いに独立であることを証明せよ．
   (2) Aは，(1) で示したことから，それぞれの目が3以下であるかどうかを教えてもBには有利にならないと考えた．この考えは正しいか．

3. 数直線上を動く点Pが原点の位置にある．1個のさいころを投げて，奇数の目が出たときにはPを正の向きに1だけ進め，偶数の目が出たときにはPを負の向きに1だけ進める．さいころを6回投げたとき，Pの座標が2である確率を求めよ．

4. 10本のくじの中に当たりくじが3本ある．A，B，Cの3人がこの順番で誰かが当たるまで1本ずつ引いていく．
   (1) 非復元抽出する場合，それぞれの当たる確率を求めよ．
   (2) 復元抽出する場合，それぞれの当たる確率を求めよ．

5. ある地方では，男性1000人に1人の割合で，ある病気に感染しているという．検査薬によって，感染していれば0.98の確率で陽性反応が出る．ただし，感染していない場合にも，0.01の確率で陽性の反応が出るという．さて，いま1人の男性に陽性反応が出たとして，この男性が感染者である確率はどれだけか．

# 2章 データの整理

## §1 1次元のデータ

### 1・1 度数分布

　実験や調査によってデータが得られたとき，データ全体のようすをつかむために，表や図を用いることが多い．次の例によって説明しよう．

**例1**　次の数値は，ある学校の50人の学生について1分間あたりの脈拍数を測定したものである．

| | | | | | | | | | |
|---|---|---|---|---|---|---|---|---|---|
| 60 | 75 | 70 | 70 | 72 | 52 | 68 | 65 | 71 | 62 |
| 56 | 58 | 82 | 64 | 66 | 55 | 67 | 73 | 65 | 77 |
| 75 | 54 | 69 | 67 | 86 | 70 | 71 | 76 | 61 | 64 |
| 80 | 77 | 61 | 62 | 63 | 71 | 73 | 80 | 67 | 68 |
| 71 | 68 | 70 | 72 | 78 | 69 | 69 | 84 | 72 | 79 |

　上の例の脈拍数のように，人やもののある特性を表す量は，集団から選ばれた人やものによって異なる値をとる．これを**変量**といい，$x, y$ などで表す．変量の値の範囲をいくつかの区間に分け，それぞれの区間を**階級**と

いう．また，各階級に入るデータの個数を**度数**といい，度数をデータ全体の個数で割ったものを**相対度数**という．各階級に度数を対応させてできる表を**度数分布表**という．下の左側の表は最初の例の度数分布表の1つである．

各階級を代表する値を**階級値**という．階級値は階級の中央の値を用いることが多い．最初の例では，脈拍数は整数値しかとらないから，50以上55未満の階級で変量が実際にとり得る値は 50, 51, 52, 53, 54 であり，階級値は 52 となる．各階級以下の階級の度数をすべて加え合わせたものを**累積度数**といい，それらを表にまとめたものを**累積度数分布表**という．また，各階級以下の階級の相対度数を加え合わせたものを**累積相対度数**という．下の右側の表は，最初の例の累積度数分布表である．

度数分布表

| 階　級 | 度数 | 相対度数 |
|---|---|---|
| 50 以上 55 未満 | 2 | 0.04 |
| 55 以上 60 未満 | 3 | 0.06 |
| 60 以上 65 未満 | 8 | 0.16 |
| 65 以上 70 未満 | 12 | 0.24 |
| 70 以上 75 未満 | 13 | 0.26 |
| 75 以上 80 未満 | 7 | 0.14 |
| 80 以上 85 未満 | 4 | 0.08 |
| 85 以上 90 未満 | 1 | 0.02 |
| 計 | 50 | 1.00 |

累積度数分布表

| 階級値 | 累積度数<br>( ) は度数 | | 累積相対度数 |
|---|---|---|---|
| 52 | ( 2) | 2 | 0.04 |
| 57 | ( 3) | 5 | 0.10 |
| 62 | ( 8) | 13 | 0.26 |
| 67 | (12) | 25 | 0.50 |
| 72 | (13) | 38 | 0.76 |
| 77 | ( 7) | 45 | 0.90 |
| 82 | ( 4) | 49 | 0.98 |
| 87 | ( 1) | 50 | 1.00 |

分布のようすは，度数分布表をグラフにすると一層わかりやすい．

次ページの図のように横軸に階級をとり，各階級の度数を柱状に表したものを**ヒストグラム**という．ヒストグラムにおいて，各長方形の上辺の中点を結んで得られる折れ線を**度数折れ線**という．ただし，左右両端には度数 0 の階級があると考えて，それらの中点も結ぶことにする．

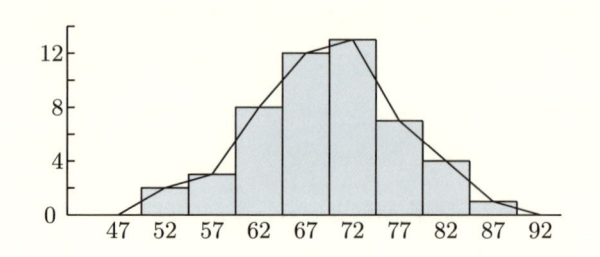

**問 1**　あるスポーツチームで選手の体重（単位 kg）を測定したところ，次の結果が得られた．これから累積度数分布表を作れ．

| 階級 | 54 以上 58 未満 | 58 〜 62 | 62 〜 66 | 66 〜 70 | 70 〜 74 | 74 〜 78 |
|---|---|---|---|---|---|---|
| 度数 | 4 | 4 | 7 | 13 | 8 | 4 |

**問 2**　問 1 について，ヒストグラムと度数折れ線を作れ．

## 1・2　代表値

データ全体の特徴を 1 つの数値で表したものを**代表値**という．まず，代表値として最もよく用いられる**平均**について説明しよう．

変量 $x$ についてのデータが

$$x_1, x_2, \cdots, x_n \tag{1}$$

であるとき

$$\bar{x} = \frac{1}{n}(x_1 + x_2 + \cdots + x_n) = \frac{1}{n}\sum_{i=1}^{n} x_i \tag{2}$$

をデータ (1) の**平均**という．

（注）　変量 $x$ の平均ということもある．

**例 2**　28 ページの例で，脈拍数の平均は

$$\bar{x} = \frac{\text{脈拍数の合計}}{50} = \frac{3455}{50} = 69.1 \tag{3}$$

次に，変量 $x$ についてのデータが，度数分布表で与えられている場合について考えよう．

右の表は 28 ページの例から作られた度数分布表であるが，もしデータがはじめから度数分布表で与えられているときは，各階級に入っている個々のデータの値はわからない．そこで，これらのデータの値をすべて階級値とみなすことにすると，各階級のデータの合計は（階級値）×（度数）となる．たとえば，階級値 52 の階級のデータの合計は $52 \times 2 = 104$ となる．他の階級についても同様にして合計をとり，それ

| 階級値 $x$ | 度数 $f$ | $x \times f$ |
|---|---|---|
| 52 | 2 | 104 |
| 57 | 3 | 171 |
| 62 | 8 | 496 |
| 67 | 12 | 804 |
| 72 | 13 | 936 |
| 77 | 7 | 539 |
| 82 | 4 | 328 |
| 87 | 1 | 87 |
| 計 | 50 | 3465 |

らの総合計をデータの総数 50 で割って平均とすればよい．すなわち

$$\bar{x} = \frac{52 \times 2 + 57 \times 3 + \cdots + 87 \times 1}{50} = \frac{3465}{50} = 69.3$$

この値は，(3) で計算した値 69.1 とあまり違わないことがわかる．

一般に，変量 $x$ のデータが右のような度数分布表で与えられているとき，データの平均を求める式は次のようになる．

$$\bar{x} = \frac{1}{n} \sum_{i=1}^{k} x_i f_i = \sum_{i=1}^{k} x_i \frac{f_i}{n} \qquad (4)$$

| 階級値 | 度数 |
|---|---|
| $x_1$ | $f_1$ |
| $x_2$ | $f_2$ |
| $\vdots$ | $\vdots$ |
| $\vdots$ | $\vdots$ |
| $x_k$ | $f_k$ |
| 計 | $n$ |

ただし，$k$ は階級の個数，$n$ はデータの総数であり，$x_i\ (i = 1, 2, \cdots, k)$ は階級値である．

問3  問1のデータについて，(4) を用いて体重の平均を求めよ．

変量 $x$, $y$ の間に次の関係があるとする.
$$y = ax + b \quad (a, b \text{ は定数})$$
このとき，$x$ のとる値を $x_1, x_2, \cdots, x_n$ とすると，$y$ のとる値はそれぞれ $ax_1 + b, ax_2 + b, \cdots, ax_n + b$ となるから
$$\overline{y} = \frac{1}{n}\sum_{i=1}^{n}(ax_i + b) = \frac{1}{n}\left(a\sum_{i=1}^{n}x_i + bn\right) = a \cdot \frac{1}{n}\sum_{i=1}^{n}x_i + b$$
したがって，次の公式が成り立つ.

---
**平均の性質**

変量 $x$, $y$ の間に $y = ax + b$ ($a$, $b$ は定数) の関係があるとき，それぞれの平均を $\overline{x}$, $\overline{y}$ とすると
$$\overline{y} = a\overline{x} + b \tag{5}$$

---

**例題 1** 次の数値は，ある工場で生産された電球の寿命（単位 時間）である．このデータから電球の寿命 $x$ の平均を求めよ.

1485　1511　1499　1484　1483　1490　1489　1513　1487　1502
1486　1514　1501　1507　1484　1509　1475　1516　1503　1474

**解** 1500 前後のデータが多いから，変量 $u$ を $u = x - 1500$ で定めると，$u$ のデータは次のようになる.

−15　　11　　−1　　−16　　−17　　−10　　−11　　13　　−13　　2
−14　　14　　1　　7　　−16　　9　　−25　　16　　3　　−26

$\sum_{i=1}^{20} u_i = -88$ より　　$\overline{u} = \dfrac{-88}{20} = -4.4$

∴　$\overline{x} = \overline{u} + 1500 = 1495.6$　　//

**問 4** 変量 $x$ のデータ 980.8, 981.1, 980.7, 979.3, 981.8, 982.5, 979.9, 980.2 の平均を，変量 $u = \dfrac{x - 980}{0.1}$ を用いて計算せよ.

データを大きさの順に並べたとき，ちょうど中央に位置する値を**中央値** (**メディアン**) という．ただし，データ全体の個数が偶数のときは，中央に2つの値が並ぶから，その平均をとって中央値とする．

**例3** データ 1, 2, 2, 3, 4, 7, 10 の中央値は 3

データ 1, 2, 2, 3, 4, 7, 8, 10 の中央値は $\dfrac{3+4}{2}=3.5$

**問5** データ 1, 1, 1, 1, 2, 3, 4, 5, 16, 20 の平均と中央値を求めよ．

数学の試験の点数や例題1のようにデータの値の範囲がそれほど散らばらない場合には代表値として平均が多く使われる．しかし，各家庭の収入や貯蓄額などデータの値が大きく散らばる場合には中央値が役に立つ．たとえば，任意に選ばれた学生8人の所持金（単位 円）を調べたところ，次のデータが得られたとする．

1000　　1500　　1500　　2000　　2000　　3000　　4000　　20000

このとき，平均は 4375 円である．しかし，中央値は 2000 円であり，この方が現実をより表しているといえる．このようにデータの中に極端に大きい（または小さい）値が含まれる場合には平均よりも中央値の方がデータの様子をより正確に表す．このようなデータの場合には平均と中央値の両方を併記することが多い．

データを度数分布にまとめたとき，度数が最も大きくなる階級の階級値を**最頻値** (**モード**) という．最頻値は，度数折れ線の最も高いところを表す階級値であるが，度数の大きい階級が2つ以上あるような分布の場合にはよい代表値とはいえず，また，同じデータでも階級のとり方によって一般には異なる．

**問6** 問1のデータにおける最頻値を求めよ．

## 1・3 散布度

データ分布のようすを考えてみよう．データのひろがりの度合を表す数値を**散布度**という．

**例4** 次の表は，クラスAとBのあるテストの得点データである．

|   | 1 | 2 | 3 | 4 | 5 | 6 | 7 | 8 | 9 | 10 | 11 | 12 | 平均 |
|---|---|---|---|---|---|---|---|---|---|----|----|----|------|
| A | 72 | 78 | 68 | 71 | 80 | 90 | 88 | 95 | 85 | 75 | 60 | 50 | 76.00 |
| B | 70 | 84 | 88 | 65 | 76 | 92 | 100 | 30 | 98 | 85 | 68 | 48 | 75.33 |

2つのクラスの平均はほぼ同じであるが，得点を図で表現すれば，データのひろがりが異なることがわかる．

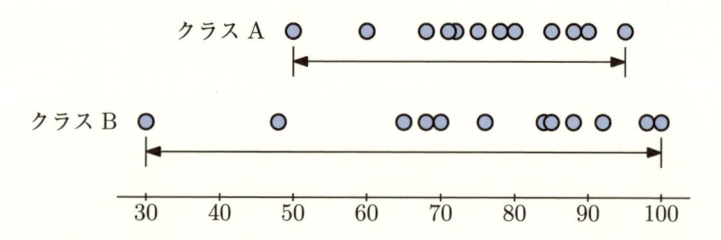

最も簡単な散布度は，最大値と最小値の差である．これを**範囲 (レンジ)** といい，$R$ で表す．

$$R = 最大値 - 最小値$$

上の例では，クラスAについては $R = 95 - 50 = 45$，クラスBについては $R = 100 - 30 = 70$ となり，$R$ の値から，クラスBの方がひろがりの度合が大きいことがわかる．

次に，すべてのデータを用いた散布度を定義しよう．それには，データの平均に着目して，データが全体として平均からどの程度ひろがっているかを見ればよい．いま，変量 $x$ のデータを $x_1, x_2, \cdots, x_n$ とするとき，各々のデータ $x_i$ と平均 $\bar{x}$ との隔たり（これを**偏差**という）は $x_i - \bar{x}$ で表される．散布度の定義として，まず，偏差の絶対値 $|x_i - \bar{x}|$ の平均

$$d = \frac{|x_1 - \overline{x}| + |x_2 - \overline{x}| + \cdots + |x_n - \overline{x}|}{n}$$

が考えられる．この散布度 $d$ を**平均偏差**という．しかし，絶対値は一般に取り扱いにくいため，偏差を 2 乗したものの平均

$$v_x = \frac{(x_1 - \overline{x})^2 + (x_2 - \overline{x})^2 + \cdots + (x_n - \overline{x})^2}{n}$$
$$= \frac{1}{n} \sum_{i=1}^{n} (x_i - \overline{x})^2 \quad (1)$$

によって散布度を定めることにする．$v_x$ をデータの**分散**という．また，分散 $v_x$ の正の平方根をとったものをデータの**標準偏差**といい，$s_x$ で表す．

$$s_x = \sqrt{v_x} = \sqrt{\frac{1}{n} \sum_{i=1}^{n} (x_i - \overline{x})^2} \quad (2)$$

分散 $v_x$ は $s_x{}^2$ で表すことが多い．

**例 5** 34 ページにあげた例において，クラス A, B の得点をそれぞれ $x$, $y$ で表す．変量 $x$, $y$ のデータの分散と標準偏差を求める．

$$\sum_{i=1}^{12}(x_i - \overline{x})^2 = (72-76)^2 + (78-76)^2 + \cdots + (50-76)^2 = 1840$$

$$v_x = s_x{}^2 = \frac{1840}{12} \fallingdotseq 153.33, \quad s_x = \sqrt{153.33} \fallingdotseq 12.38$$

$$\sum_{i=1}^{12}(y_i - \overline{y})^2 = (70-75.33)^2 + (84-75.33)^2 + \cdots + (48-75.33)^2$$
$$\fallingdotseq 4720.67$$

$$v_y = s_y{}^2 = \frac{4720.67}{12} \fallingdotseq 393.39, \quad s_y = \sqrt{393.39} \fallingdotseq 19.83$$

**問 7** 次の数値は，ある野球大会での全試合の得点差である．

2, 7, 6, 4, 1, 10, 3, 2, 4, 5, 3, 1

このデータから得点差 $x$ の範囲と標準偏差を求めよ．

次に，分散と標準偏差の性質を調べよう．

まず，$x$ の分散 $v_x$ について

$$v_x = \frac{1}{n}\sum_{i=1}^{n}(x_i - \overline{x})^2 = \frac{1}{n}\sum_{i=1}^{n}(x_i^2 - 2\overline{x}x_i + \overline{x}^2)$$

$$= \frac{1}{n}\sum_{i=1}^{n}x_i^2 - 2\overline{x}\cdot\frac{1}{n}\sum_{i=1}^{n}x_i + \frac{1}{n}\cdot n\overline{x}^2$$

$$= \frac{1}{n}\sum_{i=1}^{n}x_i^2 - 2\overline{x}^2 + \overline{x}^2 = \frac{1}{n}\sum_{i=1}^{n}x_i^2 - \overline{x}^2$$

したがって，$\overline{x^2} = \dfrac{1}{n}\displaystyle\sum_{i=1}^{n}x_i^2$ ($x^2$ の平均) とおくと

$$v_x = \overline{x^2} - \overline{x}^2 \tag{3}$$

となる．

また，変量 $x$, $y$ の間に $y = ax + b$ ($a$, $b$ は定数) の関係があるとき，$y_i = ax_i + b$, $\overline{y} = a\overline{x} + b$ だから

$$v_y = \frac{1}{n}\sum_{i=1}^{n}(y_i - \overline{y})^2 = \frac{1}{n}\sum_{i=1}^{n}\{(ax_i + b) - (a\overline{x} + b)\}^2$$

$$= \frac{1}{n}\sum_{i=1}^{n}a^2(x_i - \overline{x})^2 = a^2\cdot\frac{1}{n}\sum_{i=1}^{n}(x_i - \overline{x})^2 = a^2 v_x$$

以上より，次の公式が成り立つ．

---
**分散と標準偏差の性質**

(Ⅰ) 変量 $x$ のデータが $x_1$, $x_2$, $\cdots$, $x_n$ のとき
$$v_x = \overline{x^2} - \overline{x}^2$$

(Ⅱ) 変量 $x$, $y$ の間に $y = ax + b$ ($a$, $b$ は定数) の関係があるとき
$$v_y = a^2 v_x, \qquad s_y = |a|s_x$$
---

**例題2** ある野球チームのレギュラー選手9人の身長（単位 cm）を測定したところ，次のデータを得た．身長の平均と標準偏差を求めよ．

173, 171, 170, 177, 168, 167, 180, 165, 178

**解** 選手の身長を $x$ とすると

$$\sum_{i=1}^{9} x_i = 1549, \quad \sum_{i=1}^{9} x_i^2 = 266821$$

したがって

$$\overline{x} = \frac{1549}{9} \fallingdotseq 172.11$$

$$v_x = \overline{x^2} - \overline{x}^2 = \frac{266821}{9} - \left(\frac{1549}{9}\right)^2 \fallingdotseq 24.54$$

$$s_x = \sqrt{v_x} \fallingdotseq 4.95 \qquad //$$

**問8** 次の数値は，A君が正午の気圧（単位 ヘクトパスカル）を10日間測定した結果である．

1005, 1002, 999, 1003, 1000, 1001, 1000, 1003, 999, 1001

このデータから気圧の平均と標準偏差を求めよ．

変量 $x$ のデータが，次のような $k$ 個の階級に分けられた度数分布表で与えられているとする．

| 階級値 | $x_1$ | $x_2$ | $\cdots$ | $x_k$ | 計 |
|---|---|---|---|---|---|
| 度数 | $f_1$ | $f_2$ | $\cdots$ | $f_k$ | $n$ |

このとき，分散は次の式で求められる．

$$v_x = \frac{1}{n} \sum_{i=1}^{k} (x_i - \overline{x})^2 f_i \qquad (4)$$

(4) を変形すると

$$v_x = \frac{1}{n} \sum_{i=1}^{k} (x_i{}^2 - 2x_i \overline{x} + \overline{x}^2) f_i$$

$$= \frac{1}{n} \sum_{i=1}^{k} x_i{}^2 f_i - 2\overline{x} \cdot \frac{1}{n} \sum_{i=1}^{k} x_i f_i + \overline{x}^2 \cdot \frac{1}{n} \sum_{i=1}^{k} f_i$$

したがって，次の公式が成り立つ．

$$\boldsymbol{v_x = \frac{1}{n} \sum_{i=1}^{k} x_i{}^2 f_i - \overline{x}^2} \tag{5}$$

**例題 3**　競走馬の体重は，大体 450 kg から 530 kg であるといわれる．ある牧場で，33 頭の競走馬の体重を測定したところ，次のような度数分布表が得られた．これを用いて体重の平均と標準偏差を求めよ．

| 階級値 $x$ | 455 | 465 | 475 | 485 | 495 | 505 | 515 | 525 | 計 |
|---|---|---|---|---|---|---|---|---|---|
| 頭数 $f$ | 3 | 5 | 6 | 7 | 7 | 3 | 0 | 2 | 33 |

**解**　度数分布表から

$$\sum_{i=1}^{8} x_i f_i = 15965, \quad \sum_{i=1}^{8} x_i{}^2 f_i = 7734025$$

したがって

$$\overline{x} = \frac{15965}{33} \fallingdotseq 483.79$$

$$v_x = \frac{7734025}{33} - \left(\frac{15965}{33}\right)^2 \fallingdotseq 313.68$$

$$s_x \fallingdotseq 17.71 \qquad //$$

**問 9**　次の度数分布表は，ある中学の 3 年男子生徒 120 人の身長の調査結果である．この表から，生徒の身長の平均と標準偏差を求めよ．

| 階級値 (cm) | 148 | 152 | 156 | 160 | 164 | 168 | 172 | 176 | 計 |
|---|---|---|---|---|---|---|---|---|---|
| 人　数 | 2 | 6 | 20 | 25 | 32 | 24 | 8 | 3 | 120 |

### 1·4 四分位と箱ひげ図

　34ページの範囲は簡単に求められるという利点をもつが，最大値と最小値のみに依存するため，極端に他のデータから離れたデータがあるとき，それ以外のデータのちらばり具合を表していない．そのような場合，中央の50％のデータの範囲を測る**四分位**という方法も用いられる．

　下図のように，34ページのクラスAの得点を昇順に並べ，データを4等分割する．左から第1，第2，第3分割点をそれぞれ第1四分位数，第2四分位数，第3四分位数という．第2四分位数は中央値である．第3四分位数から第1四分位数を引いた差を**四分位範囲**という．また

$$\text{第1四分位数} - \text{四分位範囲} \times 1.5 \tag{1}$$

より小さいデータと

$$\text{第3四分位数} + \text{四分位範囲} \times 1.5 \tag{2}$$

より大きいデータを**外れ値**という．

　データの最小値，四分位数と最大値を箱と線で表現する図を**箱ひげ図**という．箱の横幅は四分位範囲を表す．箱の左右に出ている線の端の短い縦線はそれぞれデータの最大値と最小値の位置を表す．ただし，外れ値がある場合は外れ値をのぞいたデータ最大値，最小値を表し，外れ値は個別に示すことにする．

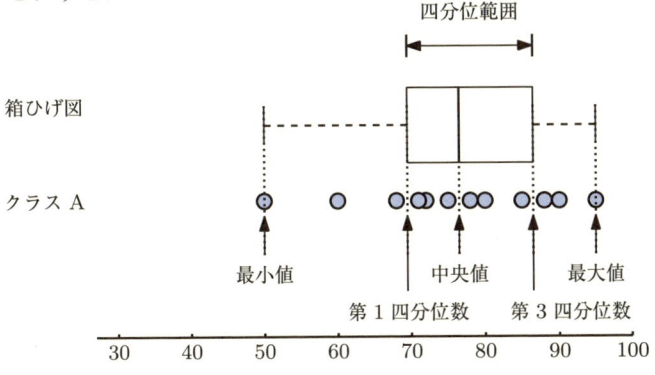

データの個数が奇数のときは最小値から中央値までのデータの中央値が第1四分位数，中央値から最大値までのデータの中央値が第3四分位数である．データの個数が偶数のときは，最小値と中央値より小さく中央値に最も近いデータとの中央値が第1四分位数，中央値より大きく最も中央値に近いデータと最大値との中央値が第3四分位数である．四分位数に関しては，多くの定義が存在している．本書では，上記の方法を用いて計算する．

**例6** クラスAのデータを昇順に並べると次のようになる．

50 60 68 | 71 72 75 | 78 80 85 | 88 90 95

したがって，クラスAの得点データについて

中央値（第2四分位数）は　　$\dfrac{75+78}{2}=76.5$

第1四分位数は　　$\dfrac{68+71}{2}=69.5$

第3四分位数は　　$\dfrac{85+88}{2}=86.5$

四分位範囲は　　　　　　　$86.5-69.5=17$

(1) の値は　　　　　　　　$69.5-17\times 1.5=44.0$

(2) の値は　　　　　　　　$86.5+17\times 1.5=112.0$

したがって，外れ値は存在しない．

**例7** 上の例と同様にクラスBのデータを昇順に並べると次のようになる．

30 48 65 | 68 70 76 | 84 85 88 | 92 98 100

したがって，クラスBの得点データについて

中央値（第2四分位数）は　　$\dfrac{76+84}{2}=80.0$

第1四分位数は　　$\dfrac{65+68}{2}=66.5$

第3四分位数は　　$\dfrac{88+92}{2}=90.0$

四分位範囲は　　　　　　　$90.0-66.5=23.5$

(1) の値は　　　　　　　　$66.5 - 23.5 \times 1.5 = 31.25$

(2) の値は　　　　　　　　$90.0 + 23.5 \times 1.5 = 125.25$

したがって，30 が外れ値となる．

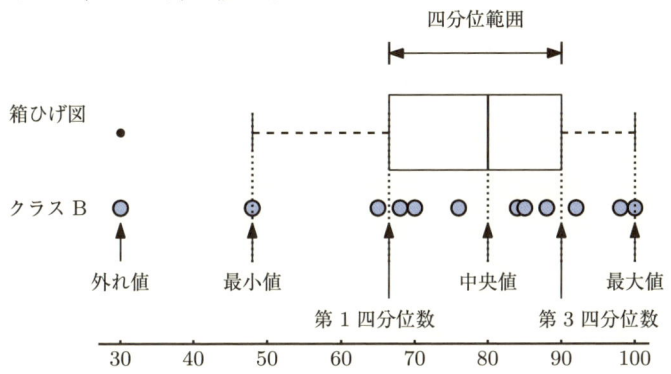

図のように，同じ種類の複数データの箱ひげ図を重ねて表すことができる．箱ひげ図は，複数グループのデータの分布を比較するときにヒストグラムより便利である場合が多い．

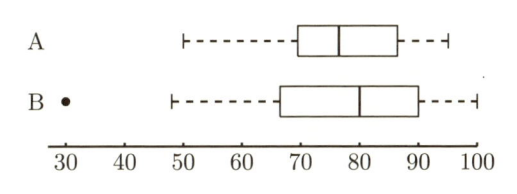

問 10　次の表は，ある学校の2つのグループAとBからそれぞれ選ばれた10人の垂直跳び（単位 cm）の記録である．2つのグループの記録の箱ひげ図を並べて表せ．

|  | 1 | 2 | 3 | 4 | 5 | 6 | 7 | 8 | 9 | 10 | 平均 |
|---|---|---|---|---|---|---|---|---|---|---|---|
| A | 72 | 78 | 68 | 71 | 80 | 88 | 95 | 85 | 75 | 60 | 77.2 |
| B | 52 | 88 | 60 | 76 | 78 | 98 | 37 | 98 | 86 | 68 | 74.1 |

## 練習問題 1-A

**1.** 次のデータは，ある試験で出題された 15 題について，誤答数を $x$，誤答者数を $y$ としたものである．

| $x$ | 0 | 1 | 2 | 3 | 4 | 5 | 6 | 7 | 8 | 9 | 10 | 11 | 12 | 13 | 14 | 15 |
|---|---|---|---|---|---|---|---|---|---|---|---|---|---|---|---|---|
| $y$ | 1 | 4 | 3 | 3 | 3 | 7 | 7 | 4 | 7 | 13 | 5 | 2 | 1 | 0 | 2 | 0 |

階級数を 8, 4 とした場合のヒストグラムを作れ．

**2.** 採点の終わった答案の点数 $x$ の平均 $\bar{x}$ が 40 点のとき，次の修正によって修正後の点数 $y$ の平均 $\bar{y}$ はどうなるか．

(1) すべての点数に 10 点を加える． (2) すべての点数を 1.5 倍する．

**3.** 試験の得点 $x$ の平均を $\bar{x}$，標準偏差を $s_x$ とする．変量 $u = \dfrac{x - \bar{x}}{s_x}$ と変量 $h = 10u + 50$ について，次の問いに答えよ．

(1) $u$ の平均 $\bar{u}$ と標準偏差 $s_u$ を求めよ．

(2) $h$ の平均 $\bar{h}$ と標準偏差 $s_h$ を求めよ．

**4.** ある国の男子陸上選手 10 名の 100m 走の記録（単位 秒）は次のようであった．平均，分散，標準偏差を求めよ．

  10.0 9.9 9.9 10.2 10.1 10.3 10.2 10.0 10.1 10.2

**5.** ある調査船が鮭の個体調査をしたところ，次の結果を得た．鮭の 1 匹あたりの重さの平均，標準偏差を求めよ．

| 階級値 (g) | 950 | 1050 | 1150 | 1250 | 1350 | 1450 | 1550 |
|---|---|---|---|---|---|---|---|
| 個体数（尾） | 8 | 11 | 10 | 15 | 7 | 2 | 3 |

## 練習問題 1-B

**1.** 次の度数分布表について，以下の問いに答えよ．

| 階級値 $x_i$ | 15 | 25 | 35 | 45 | 55 | 65 | 75 | 85 | 95 |
|---|---|---|---|---|---|---|---|---|---|
| 度数 $f_i$ | 3 | 7 | 13 | 19 | 14 | 10 | 6 | 3 | 1 |

(1) $f_1 + f_2 + \cdots + f_{m-1} \leq \dfrac{N}{2}$, $f_1 + f_2 + \cdots + f_m > \dfrac{N}{2}$ となる $m$ を求めよ．ただし，$N$ はデータの総数を表す．

(2) 次の式は，度数分布表から中央値（メディアン）を求める公式である．これを用いてメディアンを求めよ．ただし，$h$ は階級幅を表す．

$$\left(x_m - \frac{h}{2}\right) + h \cdot \frac{N/2 - (f_1 + f_2 + \cdots + f_{m-1})}{f_m}$$

**2.** $m$ 個のデータ $x_1, x_2, \cdots, x_m$ の平均を $\overline{x}$，分散を $v_x$ とし，$n$ 個のデータ $y_1, y_2, \cdots, y_n$ の平均を $\overline{y}$，分散を $v_y$ とする．$m+n$ 個のデータ $z_1, z_2, \cdots, z_{m+n}$ を次のように定めるとき，以下のことを証明せよ．

$$z_i = \begin{cases} x_i & (i = 1, 2, \cdots, m) \\ y_{i-m} & (i = m+1, m+2, \cdots, m+n) \end{cases}$$

(1) $\overline{z} = \dfrac{m\overline{x} + n\overline{y}}{m+n}$

(2) $v_z = \dfrac{(m+n)(mv_x + nv_y) + mn(\overline{x} - \overline{y})^2}{(m+n)^2}$

**3.** 標準偏差 $s_x$ を平均 $\overline{x}$ で割った $\dfrac{s_x}{\overline{x}}$ を**変動係数**といい，平均が著しく異なるデータの散布度を比較する場合に用いられる．下表は，ある食品小売店とスーパーマーケットの食品部について，10日間の売上高（単位 万円）を示したものである．両者の変動係数を求めよ．

| 日 | 1 | 2 | 3 | 4 | 5 | 6 | 7 | 8 | 9 | 10 |
|---|---|---|---|---|---|---|---|---|---|---|
| 小売店 | 5 | 3 | 6 | 8 | 9 | 8 | 10 | 2 | 7 | 4 |
| スーパーマーケット | 82 | 32 | 96 | 77 | 52 | 26 | 93 | 87 | 47 | 70 |

## §2 2次元のデータ

### 2·1 相関

あるクラスから任意に選ばれた 10 人の学生の数学と物理の試験の得点を調べたところ，次の表のようであった．

| 学生 | 1 | 2 | 3 | 4 | 5 | 6 | 7 | 8 | 9 | 10 | 平均 |
|---|---|---|---|---|---|---|---|---|---|---|---|
| 数学 | 20 | 70 | 30 | 45 | 30 | 55 | 85 | 50 | 70 | 60 | 51.5 |
| 物理 | 15 | 50 | 25 | 50 | 20 | 50 | 80 | 40 | 85 | 75 | 49.0 |

数学と物理の試験の得点を，それぞれ $x, y$ とし，点 $(x, y)$ を座標平面上にとると，右のようになる．このような図を **散布図** という．また，2 つの変量 $x, y$ を同時に扱って得られるデータを **2 次元のデータ** という．この散布図を見ると，数学の得点が高い学生は物理の得点も高いという傾向があることがわかる．

一般に，2 つの変量の間に一方が増えると他方も増える傾向があるとき，2 つの変量の間に **正の相関** があるという．逆に，一方が増えると他方が減る傾向があるとき，2 つの変量の間に **負の相関** があるという．

一方，2 つのさいころ A, B を同時に投げたときに出る目を 2 次元の

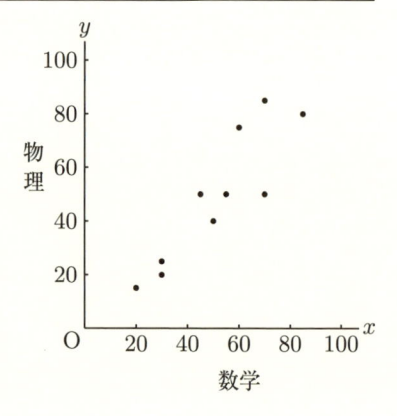

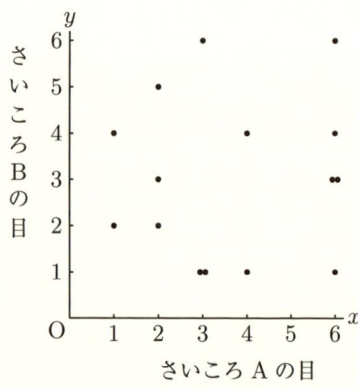

データとして散布図を作ると，上のような傾向は見られない．このとき，2つの変量の間には相関がないという．

2つの変量の相関を1つの数値で表すことを考えよう．$n$ 個の2次元のデータ $(x_1, y_1), (x_2, y_2), \cdots, (x_n, y_n)$ の散布図に，それぞれの変量の平均に対応する点 $(\overline{x}, \overline{y})$ を通り，もとの軸に平行な2つの軸を新たに追加する．散布図はこの新しい軸によって4つの部分に分けられる．それらを，座標平面の場合と同様に，第1象限，第2象限，第3象限，第4象限と呼ぶことにする．

このとき，データ $(x_i, y_i)$ がどの象限にあるかは，点 $(x_i, y_i)$ の新しい軸からの偏差 $x_i - \overline{x}, y_i - \overline{y}$ の符号を見ればよい．2つの変量の間に正の相関がある場合，多くのデータは第1象限か第3象限にある．すなわち偏差の積 $(x_i - \overline{x})(y_i - \overline{y})$ が正となるデータが数多く存在する．

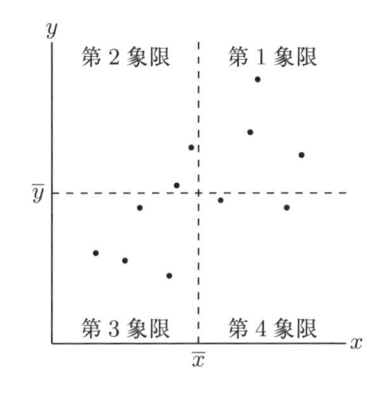

|  | $x_i - \overline{x}$ | $y_i - \overline{y}$ |
|---|---|---|
| 第1象限 | + | + |
| 第2象限 | − | + |
| 第3象限 | − | − |
| 第4象限 | + | − |

逆に負の相関がある場合は，偏差の積が負となるデータが多いことになる．

そこで，偏差の積の平均

$$s_{xy} = \frac{1}{n} \sum_{i=1}^{n} (x_i - \overline{x})(y_i - \overline{y}) \tag{1}$$

を考え，これを $x$ と $y$ の**共分散**という．

さらに，共分散 $s_{xy}$ を $x, y$ の標準偏差 $s_x, s_y$ の積で割った量

$$r = \frac{s_{xy}}{s_x s_y} = \frac{\sum_{i=1}^{n}(x_i - \overline{x})(y_i - \overline{y})}{\sqrt{\sum_{i=1}^{n}(x_i - \overline{x})^2}\sqrt{\sum_{i=1}^{n}(y_i - \overline{y})^2}} \qquad (2)$$

を $x$ と $y$ の**相関係数**という.

共分散 $s_{xy}$ について，36 ページの (3) と同様にして

$$s_{xy} = \overline{xy} - \overline{x}\,\overline{y} \qquad \text{ただし}\quad \overline{xy} = \frac{1}{n}\sum_{i=1}^{n}x_i y_i \qquad (3)$$

であることが証明される.

また，相関係数 $r$ について，次のことが知られている.

(I) $-1 \leqq r \leqq 1$

(II) すべてのデータが正の傾きをもつ直線上にあるとき，最大値 1 をとり，すべてのデータが負の傾きをもつ直線上にあるとき，最小値 $-1$ をとる.

(III) $r$ が 1 に近いとき強い正の相関があり，$-1$ に近いとき強い負の相関がある.

(IV) $r$ が 0 に近いときはほとんど相関がない.

下の散布図において，I には強い正の相関，II には弱い負の相関がある.III はほとんど相関がないデータである.

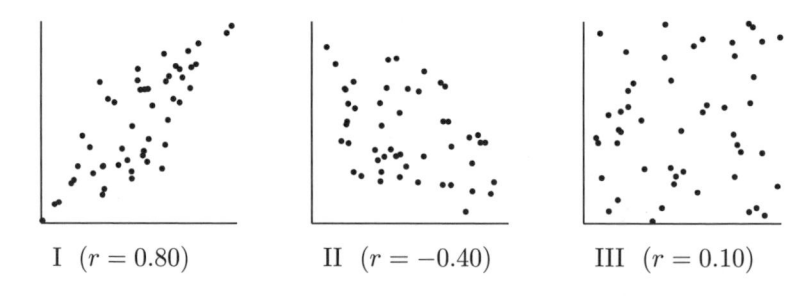

I $(r = 0.80)$　　II $(r = -0.40)$　　III $(r = 0.10)$

(注) 相関係数は，相関の程度を示すには便利な指標であるが，数字のみを判断の基準とすることは誤解を生みやすく，散布図をかいて確かめることが重要である．

**例題 1** 44 ページの試験のデータから，数学の得点 $x$ と物理の得点 $y$ の相関係数を計算せよ．

**解** 右の表から

$\overline{x} = 51.5, \ \overline{y} = 49$

$\overline{x^2} = 3037.5, \ \overline{y^2} = 2960$

$\overline{xy} = 2940$

したがって

$s_x = \sqrt{\overline{x^2} - \overline{x}^2} = 19.63$

$s_y = \sqrt{\overline{y^2} - \overline{y}^2} = 23.64$

$s_{xy} = \overline{xy} - \overline{x}\,\overline{y} = 416.5$

| $x_i$ | $y_i$ | $x_i{}^2$ | $y_i{}^2$ | $x_i y_i$ |
|---|---|---|---|---|
| 20 | 15 | 400 | 225 | 300 |
| 70 | 50 | 4900 | 2500 | 3500 |
| 30 | 25 | 900 | 625 | 750 |
| 45 | 50 | 2025 | 2500 | 2250 |
| 30 | 20 | 900 | 400 | 600 |
| 55 | 50 | 3025 | 2500 | 2750 |
| 85 | 80 | 7225 | 6400 | 6800 |
| 50 | 40 | 2500 | 1600 | 2000 |
| 70 | 85 | 4900 | 7225 | 5950 |
| 60 | 75 | 3600 | 5625 | 4500 |
| 515 | 490 | 30375 | 29600 | 29400 |

よって

$$r = \frac{s_{xy}}{s_x s_y} = \frac{416.5}{19.63 \cdot 23.64} \fallingdotseq 0.898 \qquad //$$

**問 1** 次のデータ $(x_i, y_i)$ は，ある野球チームに所属する選手の背筋力 $x$（単位 kg）と遠投力 $y$（単位 m）を表したものである．

(175, 115), (166, 105), (149, 100), (138, 88), (133, 92),

(125, 65), (128, 70), (144, 91), (180, 130), (151, 99)

$x$ と $y$ の相関係数を求めよ．また，散布図をかけ．

## 2・2 回帰直線

ある都市に住む 30 歳から 80 歳の成人について，年齢を 10 歳きざみの階級 $x$（単位 歳）に分け，各階級の血圧の平均 $y$（単位 mmHg）を求めると右の表のようになった．これを見ると，2 つの変量 $x, y$ の間に強い正の相関があり，およそ 1 次式 $y = ax + b$ ($a, b$ は定数) という関係のあることがわかる．

| $x$ | 35 | 45 | 55 | 65 | 75 |
| $y$ | 114 | 124 | 143 | 158 | 166 |

年齢 $x$ と血圧 $y$ 以外にも，ゴムの強度 $x$ とタイヤの寿命 $y$，国民総生産 $x$ とエネルギー消費量 $y$ などの間には相関があるだけではなく，$y$ が $x$ で説明できるような関係があることが知られている．このような関係があるとき，$x$ を**独立変数**，$y$ を**従属変数**という．

いま，$n$ 個のデータ

$$(x_1, y_1), (x_2, y_2), \cdots, (x_n, y_n)$$

があって，$x$ と $y$ の間におよそ 1 次式 $y = ax + b$ が成り立つとする．このとき，$x_i$ から予測される $y$ の値 $ax_i + b$ と現実の値 $y_i$ との差が最小になるように係数 $a, b$ を定める．そのため，$y_i - (ax_i + b)$ を 2 乗したものの和

$$\sum_{i=1}^{n} \{y_i - (ax_i + b)\}^2 \qquad (1)$$

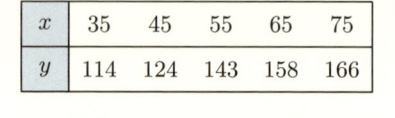

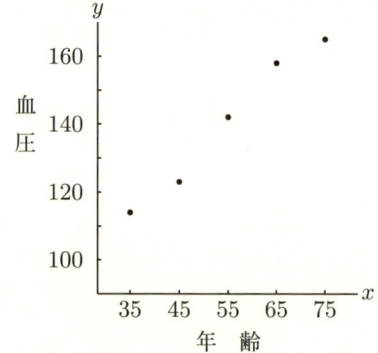

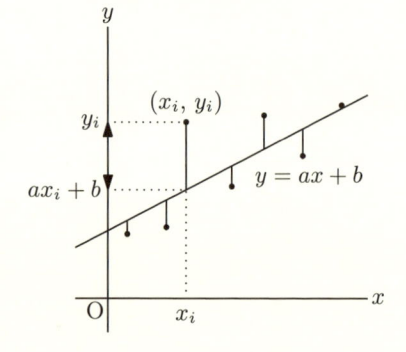

を最小にする $a, b$ を求めることにする．これを**最小 2 乗法**という．

(1) を $a, b$ の関数とみて $f(a, b)$ とおくと，極値をとるための条件から

$$\begin{cases} \dfrac{\partial f}{\partial a} = \sum_{i=1}^{n} 2\{y_i - (ax_i + b)\}(-x_i) = 0 \\ \dfrac{\partial f}{\partial b} = \sum_{i=1}^{n} 2\{y_i - (ax_i + b)\}(-1) = 0 \end{cases} \quad (2)$$

(2) の下の式より

$$\sum_{i=1}^{n} y_i - a \sum_{i=1}^{n} x_i - bn = 0$$

$$\frac{1}{n} \sum_{i=1}^{n} y_i - a \cdot \frac{1}{n} \sum_{i=1}^{n} x_i - b = 0$$

したがって

$$\overline{y} - a\overline{x} - b = 0 \quad (3)$$

また，(2) の上の式より

$$\sum_{i=1}^{n} y_i x_i - a \sum_{i=1}^{n} x_i^{\,2} - b \sum_{i=1}^{n} x_i = 0$$

$$\frac{1}{n} \sum_{i=1}^{n} x_i y_i - a \cdot \frac{1}{n} \sum_{i=1}^{n} x_i^{\,2} - b \cdot \frac{1}{n} \sum_{i=1}^{n} x_i = 0$$

したがって

$$\overline{xy} - a\overline{x^2} - b\overline{x} = 0 \quad (4)$$

(3) より $\quad b = \overline{y} - a\overline{x}$

(4) に代入して

$$\overline{xy} - a\overline{x^2} - (\overline{y} - a\overline{x})\overline{x} = 0$$

これから $\quad (\overline{xy} - \overline{x}\,\overline{y}) - a(\overline{x^2} - \overline{x}^{\,2}) = 0$

$\overline{xy} - \overline{x}\,\overline{y}$ は $x$ と $y$ の共分散 $s_{xy}$，$\overline{x^2} - \overline{x}^{\,2}$ は $x$ の分散 $v_x = s_x^{\,2}$ だから，次の式が成り立つ．

$$a = \frac{s_{xy}}{s_x^{\,2}}, \quad b = \overline{y} - a\overline{x} \quad (5)$$

この $a, b$ によってできる直線 $y = ax + b$ を $y$ の $x$ への**回帰直線**という．また，傾き $a$ と切片 $b$ を**回帰係数**という．

以上より，次の公式が成り立つ．

---
**回帰直線の方程式**

$y$ の $x$ への回帰直線の方程式を $y = ax + b$ とおくとき
$$a = \frac{s_{xy}}{s_x^2}, \quad b = \overline{y} - a\overline{x} \tag{6}$$

---

**例題 2** あるラグビーチーム 20 名の選手の身長 $x$（単位 cm）と体重 $y$（単位 kg）を測定した結果，次のようになった．左側が身長，右側が体重である．このチームの体重 $y$ の身長 $x$ への回帰直線の方程式を求めよ．

(183.2, 76.8)　(182.4, 79.5)　(179.4, 87.2)　(177.4, 74.6)
(180.4, 77.5)　(173.2, 69.0)　(182.1, 81.8)　(174.7, 80.5)
(180.7, 80.2)　(185.8, 86.5)　(181.3, 77.7)　(184.0, 85.4)
(179.3, 76.4)　(169.5, 74.5)　(176.5, 83.7)　(184.2, 85.9)
(187.7, 89.5)　(186.4, 99.8)　(177.8, 81.7)　(186.5, 75.3)

**解**　$\overline{x} = 180.625$, $\overline{y} = 81.175$, $\overline{xy} = 14679.867$, $\overline{x^2} = 32647.091$

$\therefore \quad s_x^2 = \overline{x^2} - \overline{x}^2 = 21.700$, $s_{xy} = \overline{xy} - \overline{x}\,\overline{y} = 17.633$

これから
$$a = \frac{s_{xy}}{s_x^2} = 0.8126, \quad b = \overline{y} - a\overline{x} = -65.60$$

よって，$y$ の $x$ への回帰直線は　$y = 0.8126x - 65.60$　//

**問 2**　ある化学反応工程で温度 $x$（単位 ℃）に対する収量 $y$（単位 g）は次の通りであった．$y$ の $x$ への回帰直線の方程式を求めよ．

| $x$ | 50 | 60 | 70 | 80 | 90 | 100 | 110 | 120 | 130 |
|---|---|---|---|---|---|---|---|---|---|
| $y$ | 48 | 54 | 59 | 63 | 68 | 73 | 78 | 82 | 84 |

問3  次の表は，ある森林から任意に選ばれた6本のパインの木について，幹の周囲 $x$（単位 m）と高さ $y$（単位 m）を測定したものである．

| $x$ | 0.75 | 0.55 | 0.72 | 0.61 | 0.66 | 0.58 |
|---|---|---|---|---|---|---|
| $y$ | 8.7 | 6.8 | 7.9 | 7.0 | 7.1 | 6.1 |

(1) $y$ の $x$ への回帰直線を求めよ．

(2) 幹の周囲が 0.64 m のパインの木の高さを，回帰直線を用いて推定せよ．

### コラム　記述統計学と推測統計学

　統計学の歴史は古く，いろいろな国が人口調査や，生産物等経済に関する調査を行ったことにその源流をみることができる．17世紀頃にはヨーロッパで学問として発達した．統計学 (statistics) の語源はドイツ語の Statistik（もともと「国家学」という意味）と言われている．

　この章では，50人の学生の脈拍数やスポーツチームの選手の体重等の実験や調査など，観察対象となる集団から数値化されたデータを収集し，それを理論的に分析することを学んだ．得られたデータの度数分布，代表値（平均など），散布度（分散など），相関関係（2種類のデータの場合）等を調べることにより，その集団の性質（特徴）や傾向（ばらつき）を科学的に正確に記述することができる．このような統計学は「記述統計学」と呼ばれており，19世紀から20世紀にかけて発達し，イギリスのフランシス・ゴルトンやカール・ピアソン等により体系化され整理された．遺伝学者でもあるゴルトンは，人の身長と上腕の長さとの関係を調べ，多くのデータからその法則性を認め，相関という概念に到達した．また，ピアソンが相関係数を定義した．ゴルトンと同世代にイギリスの統計学の母と言われているフローレンス・ナイチンゲールがいる．彼女はクリミヤ戦争の従軍看護師として有名であるが，統計学の知識を駆使して多くの資料を作成し，戦死者のほとんどが，戦死ではなく不衛生による病死であることを軍に示し，戦死者数を大幅に減らすことに成功した．

　国勢調査のように，すべての対象を調査することが大掛かりとなり実施するのが困難である場合や，電球の寿命調査のようにすべての対象を調査すること自体が不可能な場合もある．また確率の基礎理論が大きく進展したこともあり，対象全体を調べるのではなく，平等に選び出された一部のデータの特性（平均や分散等）を調べ，確率を用いて調査対象全体の特性を推測するという「推測統計学」が発達した．

## 練習問題 2-A

1. 新しく開発した制がん剤を，がんになっている 10 匹のモルモットに投与し，生存日数についての統計をとったところ，$x$(mg/体重) と生存日数 $y$(日) の 2 次元データ $(x, y)$ は次のようになった．

    (520, 43), (370, 20), (730, 54), (600, 31), (1200, 88),
    (420, 34), (820, 55), (680, 41), (550, 40), (500, 17)

    (1) 散布図をかけ．
    (2) 共分散を求めよ．
    (3) 相関係数を求めよ．
    (4) $y$ の $x$ への回帰直線の方程式を求めよ．

2. 次のデータは，あるプロ野球チームにおける選手の利き腕の握力 (左側 kg) と，年間の打率 (右側) を表したものである．打率 (変量 $y$) の握力 (変量 $x$) への回帰直線の方程式を求めよ．

    (55, 0.285), (57, 0.275), (65, 0.355), (70, 0.332),
    (65, 0.315), (58, 0.291), (50, 0.266)

3. ばねの変位を測定して次のデータを得た．

    | 荷重 $x$ | 0 | 10 | 20 | 30 | 40 |
    |---|---|---|---|---|---|
    | 伸び $y$ | 18.2 | 22.3 | 27.0 | 31.3 | 34.2 |

    (1) 荷重と伸びの相関係数 $r$ を計算せよ．
    (2) $y$ の $x$ への回帰直線を求めよ．
    (3) 上で求めた回帰直線の式を用いて $x = 50$ に対する $y$ の値を求めよ．

4. 2 つの変量 $x, y$ の相関係数を $r$ とするとき，50 ページの (6) の回帰係数 $a$ は $x$ と $y$ の標準偏差 $s_x$ と $s_y$ を用いて $a = r \dfrac{s_y}{s_x}$ と表されることを証明せよ．

## 練習問題 2-B

**1.** 相関係数 $r$ について, $-1 \leqq r \leqq 1$ となることを証明したい.

(1) $\displaystyle \frac{1}{n}\sum_{i=1}^{n}\left(\frac{x_i-\overline{x}}{s_x}-\frac{y_i-\overline{y}}{s_y}\right)^2 \geqq 0$ を用いて, $r \leqq 1$ となることを証明せよ.

(2) (1) で $r=1$ が成り立つのは, すべてのデータ $(x_i, y_i)$ $(i=1, 2, \cdots, n)$ が右上がりの直線 $y=\dfrac{s_y}{s_x}(x-\overline{x})+\overline{y}$ の上にある場合であることを証明せよ.

(3) $r \geqq -1$ となることを証明し, 等号が成り立つ場合を調べよ.

**2.** 2つの変量 $x$ と $y$ の相関係数を $r_{xy}$ とし

$$u=\frac{x-a}{b}, \quad v=\frac{y-c}{d} \quad (a, b, c, d\text{ は定数で } bd>0)$$

によって定めた2つの変量 $u$ と $v$ の相関係数を $r_{uv}$ とするとき, $r_{xy}=r_{uv}$ が成り立つことを証明せよ.

**3.** ある微生物の成長モデルにおいて, 時間 $t$ と大きさ $s$ の関係が

$$s=Be^{At} \quad \text{ただし, } A \text{ と } B \text{ は定数}$$

で表されるという. いま $t$ と $s$ について5個の観測値

| $t$ | 1 | 2 | 3 | 4 | 5 |
|---|---|---|---|---|---|
| $s$ | 5.5 | 14.9 | 39.9 | 110.2 | 300.1 |

を得たとき, $A$ と $B$ の値を最小2乗法によって求めよ.

# 3章 確率分布

## §1 確率変数と確率分布

### 1・1 確率変数と確率分布

2枚の硬貨を投げて表の出る枚数を $X$ で表す．$X$ は 0, 1, 2 の 3 通りの値をとり得るが，どの値をとるかは硬貨を投げるという試行の結果によって決まり，それらの値をとる確率が定まっている．実際，$X = 0$ となるのは 2 枚とも裏の場合だから，その確率を $P(X = 0)$ と表すと

$$P(X = 0) = \frac{1}{4}$$

同様にして

$$P(X = 1) = \frac{1}{2},\ P(X = 2) = \frac{1}{4}$$

この $X$ のように，どの値をとるかが試行の結果によって決まり，各値をとる確率が定まっているような変数を**確率変数**という．また，確率変数のとり得る値とその値をとる確率との対応を**確率分布**といい，確率分布を表した表を**確率分布表**という．

**例 1** 最初の例の $X$ について，確率分布と確率分布表は

$$P(X = k) = \begin{cases} \dfrac{1}{4} & (k = 0,\ 2) \\ \dfrac{1}{2} & (k = 1) \end{cases}$$

| $k$ | 0 | 1 | 2 | 計 |
|---|---|---|---|---|
| $P(X = k)$ | $\dfrac{1}{4}$ | $\dfrac{1}{2}$ | $\dfrac{1}{4}$ | 1 |

確率変数 $X$ のとり得る値を $x_1, x_2, \cdots, x_n$ とし，各値をとる確率が
$$P(X = x_i) = p_i \quad (i = 1, 2, \cdots, n) \tag{1}$$
で与えられているとする．このとき，確率は $0$ 以上で，全事象の確率は $1$ だから，次のことが成り立つ．
$$\boldsymbol{0 \leqq p_i \leqq 1 \ (i = 1, 2, \cdots, n)} \quad \text{かつ} \quad \sum_{i=1}^{n} \boldsymbol{p_i = 1} \tag{2}$$
また，(2) が成り立つとき，(1) は確率変数 $X$ の確率分布となる．

**問 1** 次の確率変数 $X, Y$ の確率分布表を作れ．

(1) 1つのさいころを投げたとき，出る目を $X$ とする．

(2) 2つのさいころを投げたとき，出る目の和を $Y$ とする．

データの場合と同様に，確率変数 $X$ の平均を考えることができる．

(1) は，試行回数 $N$ が大きいとき，値 $x_i$ をおよそ $p_i N$ 回とることを意味しているから，$X$ のとる値の平均は
$$\frac{1}{N}(x_1 p_1 N + x_2 p_2 N + \cdots + x_n p_n N) = \sum_{i=1}^{n} x_i p_i$$
この値を**確率変数 $X$ の平均**または**期待値**といい，$E[X]$ で表す．
$$E[X] = \sum_{i=1}^{n} x_i p_i \tag{3}$$
確率変数の平均は，**確率分布の平均**ともいう．

**例 2** 最初の例の確率変数 $X$ について
$$E[X] = 0 \times \frac{1}{4} + 1 \times \frac{1}{2} + 2 \times \frac{1}{4} = 1$$

**問 2** 問 1 の確率変数 $X, Y$ の平均を求めよ．

次に，確率変数 $X$ の確率分布が (1) で与えられているとき，$X$ の関数 $\varphi(X)$ について考えよう．

値 $\varphi(x_1), \varphi(x_2), \cdots, \varphi(x_n)$ がすべて異なるならば
$$P\bigl(\varphi(X) = \varphi(x_i)\bigr) = P(X = x_i) = p_i \quad (i = 1, 2, \cdots, n)$$

したがって，$\varphi(X)$ も確率変数であり，その平均は次のようになる．
$$E[\varphi(X)] = \sum_{i=1}^{n} \varphi(x_i) p_i \tag{4}$$

$\varphi(x_i)$ $(i = 1, 2, \cdots, n)$ のいくつかが一致する場合でも，やはり $\varphi(X)$ は確率変数で (4) が成り立つ．

**例 3** 最初の例の $X$ について，$X^2$ の平均は
$$E[X^2] = 0^2 \times \frac{1}{4} + 1^2 \times \frac{1}{2} + 2^2 \times \frac{1}{4} = \frac{3}{2}$$

**問 3** 問 1 の確率変数 $X$ について，$X - 1$, $(X - 1)^2$ の平均を求めよ．

平均に関して次のことが成り立つ．

---
**平均の性質**

(I) 定数 $c$ に対して，$E[c] = c$

(II) 確率変数 $X$ の関数 $\varphi(X)$, $\psi(X)$ と定数 $a$, $b$ について
$$E[a\varphi(X) + b\psi(X)] = aE[\varphi(X)] + bE[\psi(X)]$$
---

**証明** (I) $E[c] = \sum_i c p_i = c \sum_i p_i = c$

(II) 左辺 $= \sum_i (a\varphi(x_i) + b\psi(x_i)) p_i$
$= a \sum_i \varphi(x_i) p_i + b \sum_i \psi(x_i) p_i =$ 右辺 //

**問 4** 確率変数 $X$ の平均が $0.5$ であるとき，$E[2X + 3]$ を求めよ．

確率変数 $X$ の平均を $\mu$ とおくとき，$(X - \mu)^2$ の平均を $X$ の**分散**といい，$V[X]$ で表す．また，$\sigma = \sqrt{V[X]}$ を $X$ の**標準偏差**という．
$$\begin{aligned} V[X] &= E[(X - \mu)^2] = \sum_{i=1}^{n} (x_i - \mu)^2 p_i \\ \sigma &= \sqrt{V[X]} \end{aligned} \tag{5}$$

確率変数の分散について，次の公式が成り立つ．

**分散の性質**

$$V[X] = E[X^2] - (E[X])^2 \qquad (6)$$

**証明**　$V[X] = E[(X-\mu)^2] = E[X^2 - 2\mu X + \mu^2]$
$\qquad\qquad = E[X^2] - 2\mu E[X] + E[\mu^2]$
$\qquad\qquad = E[X^2] - 2\mu \cdot \mu + \mu^2 = E[X^2] - (E[X])^2 \qquad$ //

**問5**　最初の例の $X$ について，分散を (5) および (6) により求めよ．

**問6**　$X$ の確率分布が右の表で与えられているとき，$X$ の平均，分散，標準偏差を求めよ．

| $x_i$ | $-1$ | $1$ | $2$ | $4$ |
|---|---|---|---|---|
| $P(X=x_i)$ | 0.1 | 0.4 | 0.3 | 0.2 |

確率変数 $aX+b$ ($a, b$ は定数) について，次の公式が成り立つ．

**$aX+b$ の平均と分散**

$$E[aX+b] = aE[X] + b$$
$$V[aX+b] = a^2 V[X]$$

($a, b$ は定数)

**証明**　$E[X] = \mu$ とおく．
$E[aX+b] = aE[X] + E[b] = aE[X] + b = a\mu + b$
$V[aX+b] = E[(aX+b-(a\mu+b))^2]$
$\qquad\qquad = E[a^2(X-\mu)^2] = a^2 E[(X-\mu)^2] = a^2 V[X] \qquad$ //

確率変数 $X$ の平均を $\mu$，標準偏差を $\sigma$ とおくとき

$$Z = \frac{X-\mu}{\sigma} \qquad (7)$$

で定められる確率変数 $Z$ を $X$ を**標準化**した確率変数という．

**問7**　$X$ を標準化した確率変数 $Z$ について，次の (1), (2) を証明せよ．

(1)　$E[Z] = 0$ 　　　　　　(2)　$V[Z] = 1$

## 1・2 二項分布

1つのさいころを投げるとき，1の目が出るか，1の目が出ないかのいずれかである．このように，1回の試行の結果，2つの事象 $A$, $B$ のいずれかが起こり，繰り返し行っても，それぞれの起こる確率が変わらないとき，この試行を**ベルヌーイ試行**という．

ベルヌーイ試行を $n$ 回繰り返すとき，事象 $A$ が起こる回数を $X$ とすると，$X$ は $0, 1, 2, \cdots, n$ の値をとる確率変数になる．1回の試行において事象 $A$ の起こる確率を $p$ とおくと，$X = k$ となる確率 $P(X = k)$ は，21ページの反復試行の確率から

$$P(X = k) = {}_nC_k p^k q^{n-k} \quad (0 < p < 1,\ q = 1 - p) \tag{1}$$

一般に，確率変数 $X$ のとり得る値が $k = 0, 1, 2, \cdots, n$ で，各値 $k$ について (1) が成り立つとき，$X$ の確率分布を**二項分布**といい，$\boldsymbol{B(n,\ p)}$ で表す．また，$X$ は二項分布 $B(n,\ p)$ に従うという．

（注） 二項定理を用いると

$$\sum_{k=0}^{n} {}_nC_k p^k q^{n-k} = (p + q)^n = 1^n = 1$$

したがって，56ページの (2) が成り立つ．

**例4** 1つのさいころを6回投げるとき，1の目の出る回数を $X$ とすると

$$P(X = k) = {}_6C_k \left(\frac{1}{6}\right)^k \left(\frac{5}{6}\right)^{6-k} \quad (k = 0, 1, 2, \cdots, 6)$$

$X$ は二項分布 $B\left(6,\ \dfrac{1}{6}\right)$ に従い，各確率を小数で表した確率分布表は次のようになる．

| $k$ | 0 | 1 | 2 | 3 | 4 | 5 | 6 |
|---|---|---|---|---|---|---|---|
| $P(X = k)$ | 0.335 | 0.402 | 0.201 | 0.054 | 0.008 | 0.001 | 0.000 |

**例題1** 赤玉3個と白玉6個の入っている袋の中から，1個ずつ3回復元抽出するとき，赤玉の出る回数を $X$ とする．このとき，$X$ はどのような確率分布に従うか．また，その確率分布表を作れ．

**解** 1回の試行で赤玉の出る確率は $\dfrac{3}{9} = \dfrac{1}{3}$ であり，同一の試行を独立に3回繰り返すから

$$P(X=k) = {}_3C_k \left(\dfrac{1}{3}\right)^k \left(\dfrac{2}{3}\right)^{3-k} \quad (k=0,\ 1,\ 2,\ 3)$$

よって，$X$ は二項分布 $B\left(3,\ \dfrac{1}{3}\right)$ に従う．

| $k$ | 0 | 1 | 2 | 3 | 計 |
|---|---|---|---|---|---|
| $P(X=k)$ | $\dfrac{8}{27}$ | $\dfrac{12}{27}$ | $\dfrac{6}{27}$ | $\dfrac{1}{27}$ | 1 |

//

**問8** 1つのさいころを5回投げるとき，1または6の目の出る回数を $X$ とする．$X$ はどのような確率分布に従うか．また，確率分布表を作れ．

**問9** 1枚の硬貨を10回投げて表の出る回数を $X$ とする．$X$ はどのような確率分布に従うか．また，確率分布表を作れ．

二項分布の平均と分散について，次のことが知られている．

---**二項分布の平均と分散**---

二項分布 $B(n,\ p)$ について

平均は $np$，分散は $npq$ （ただし $q = 1-p$）

---

**問10** 1つのさいころを30回投げるとき，1の目の出る回数の平均，分散，標準偏差を求めよ．60回投げるときはどうか．

**問11** 赤玉3個と白玉7個が入っている袋から1個ずつ50回復元抽出するとき，現れる赤玉の個数の平均，分散，標準偏差を求めよ．

## 1・3 ポアソン分布

確率変数 $X$ のとり得る値が $k = 0, 1, 2, \cdots$ で,各値 $k$ をとる確率が

$$P(X = k) = e^{-\lambda} \frac{\lambda^k}{k!} \quad (\lambda > 0) \tag{1}$$

で表されるとき,$X$ の確率分布を**ポアソン分布**といい,$P_o(\lambda)$ で表す.

$e^\lambda$ のマクローリン展開

$$1 + \frac{1}{1!}\lambda + \frac{1}{2!}\lambda^2 + \cdots + \frac{1}{k!}\lambda^k + \cdots = e^\lambda$$

の両辺の各項を $e^\lambda$ で割ると

$$e^{-\lambda} + e^{-\lambda}\frac{\lambda}{1!} + e^{-\lambda}\frac{\lambda^2}{2!} + \cdots + e^{-\lambda}\frac{\lambda^k}{k!} + \cdots = 1$$

したがって,56 ページの (2) が成り立つから,(1) は確率分布である.

ポアソン分布の平均と分散について,次のことが知られている.

---**ポアソン分布の平均と分散**---

ポアソン分布 $P_o(\lambda)$ の平均は $\lambda$,分散は $\lambda$

(注) ポアソン分布においては平均と分散の値が一致する.

---

**例題2** 自動車の通行台数が単位時間につき平均 5 台である道路において,単位時間に通過する自動車の台数を $X$ とする.$X$ はポアソン分布に従うとして,通過する自動車の台数が 2 台以下である確率を求めよ.

**解** 平均が 5 であることより $\lambda = 5$

したがって,$X$ はポアソン分布 $P_o(5)$ に従うから

$$P(X = k) = e^{-5} \frac{5^k}{k!} \quad (k = 0, 1, 2, \cdots)$$

求める確率は

$$\begin{aligned} P(X \leqq 2) &= P(X = 0) + P(X = 1) + P(X = 2) \\ &= e^{-5} + e^{-5} \times 5 + e^{-5} \times \frac{5^2}{2} = \frac{37}{2} e^{-5} = 0.125 \quad /\!/ \end{aligned}$$

**問12** ある家では，1日に平均10回の電話がかかるという．1日にかかる電話の回数 $X$ がポアソン分布に従うものとして，$X$ が5以上である確率を求めよ．

二項分布 $B(n, p)$ と同じ平均をもつポアソン分布 $P_o(\lambda)$ の関係を調べよう．それぞれの平均 $np$，$\lambda$ が等しいとして，横軸に値 $k$，縦軸に確率 $P(X = k)$ をとって折れ線グラフとしてかくと図のようになる．

これを見ると，$n$ が小さく，したがって $p$ が大きいときは，グラフはずれているが，$n$ を大きく，したがって $p$ を小さくするとグラフは重なってくることがわかる．すなわち，二項分布 $B(n, p)$ は，$n$ が十分大きく，したがって $p$ が十分に小さいとき，平均が $\lambda = np$ であるポアソン分布 $P_o(\lambda)$ により近似することができる．言い換えれば，ポアソン分布は，稀にしか起こらない事象に関するベルヌーイ試行を多数回行ったときの確率分布である．

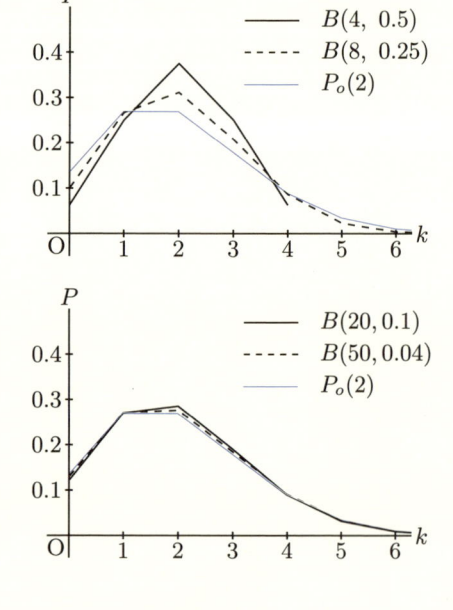

**例5** ある年のサッカーリーグにおいて，1試合における合計得点を $X$ とし，$X = k$ であった試合数の全試合数に対する割合（四捨五入して小数第3位まで表示）を確率 $P(X = k)$ とみなすと，次のようになった．

| $k$ | 0 | 1 | 2 | 3 | 4 | 5 | 6 | 7 | 計 |
|---|---|---|---|---|---|---|---|---|---|
| 試合数 | 155 | 221 | 128 | 63 | 20 | 5 | 2 | 0 | 594 |
| $P(X = k)$ | 0.261 | 0.372 | 0.215 | 0.106 | 0.034 | 0.008 | 0.003 | 0.000 | 1 |

平均は 1.318, 分散は 1.321 でほぼ等しい．このことからポアソン分布であることが予想される．実際，この確率分布とポアソン分布の折れ線グラフを重ねてかくと図のようになる．

サッカーの場合は，1 試合の得点が少ないことから，近似的にポアソン分布に従うと考えられる．

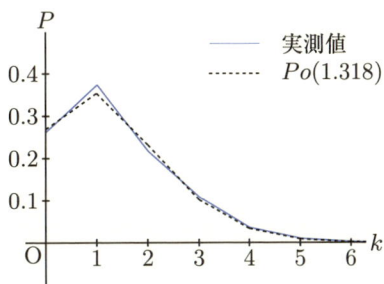

**例題 3** 非常に多くの同種の製品の中に 3 ％ の不良品が含まれている．いま，この製品の中から任意に 100 個を抽出するとき，不良品の数が 2 個以下である確率を求めよ．

**解** この製品の数は非常に大きいから，含まれる不良品の数 $X$ は，$n = 100$, $p = 0.03$ の二項分布 $B(100, 0.03)$ に従うと考えてよい．$n$ が大きく $p$ が小さいから，$\lambda = np = 3$ より，$X$ は近似的にポアソン分布 $P_o(3)$ に従う．すなわち
$$P(X = k) \fallingdotseq e^{-3} \frac{3^k}{k!} \quad (k = 0, 1, 2, \cdots)$$
よって，求める確率は $\displaystyle P(X \leqq 2) \fallingdotseq \sum_{k=0}^{2} e^{-3} \frac{3^k}{k!} = 0.423$ //

(注) 二項分布の公式で計算すると，0.420 となる．

**問 13** 袋の中に 1000 個の玉が入っていて，そのうち 4 個が赤玉である．いま，袋の中から 1 個ずつ 500 回玉を復元抽出するとき，赤玉がちょうど 5 個出る確率を求めよ．

**問 14** 当たりくじが 1000 本中 5 本入っているくじを 100 本買ったとき，当たりくじが 2 本以上含まれている確率を求めよ．ただし，このくじは極めて多数売られているものとする．

## 1・4 連続型確率分布

A 駅から B 駅に向かう電車は毎時 0 分と 20 分に A 駅を出発している．13 時から 14 時の間に A 駅に到着する人が電車を待つ時間を $X$ 分とする．$X$ は 0 から 40 までの任意の実数の値をとる．このように，確率変数がある範囲の実数全体をとり得るとき，**連続型**という．これに対して，二項分布に従う確率変数のように，とびとびの値をとる確率変数を**離散型**という．

連続型確率変数 $X$ はある範囲内の実数全体の値をとるから，1 つの値 $x$ についてちょうど $X = x$ となる確率は 0 であることが普通である．しかし，任意の定数 $a, b$ $(a < b)$ について，$a \leqq X \leqq b$ となる確率は一般に正の値をとる．最初の例では，たとえば待ち時間が 10 分以内である，すなわち $0 \leqq X \leqq 10$ となるのは図の太線部に A 駅に到着した場合である．

したがって，待ち時間が 10 分以内である確率は

$$P(0 \leqq X \leqq 10) = \frac{10 + 10}{60} = \frac{1}{3}$$

また，たとえば待ち時間が 30 分以上となる確率は次のようになる．

$$P(X \geqq 30) = P(30 \leqq X \leqq 40) = \frac{10}{60} = \frac{1}{6}$$

同様に，$a < b$ である定数 $a, b$ について

$0 \leqq a < b \leqq 20$ のとき　　$P(a \leqq X \leqq b) = \dfrac{b - a}{30}$ 　　(1)

$20 \leqq a < b \leqq 40$ のとき　　$P(a \leqq X \leqq b) = \dfrac{b - a}{60}$ 　　(2)

$a \geqq 40$ または $b \leqq 0$ のとき　　$P(a \leqq X \leqq b) = 0$ 　　(3)

などが成り立つ．

各区間の確率を区間幅で割ったもの，すなわち単位幅の区間あたりの確率を**確率密度**という．たとえば，(1), (2), (3) の場合の確率密度は

$0 \leqq a < b \leqq 20$ のとき　　$\dfrac{b-a}{30} \cdot \dfrac{1}{b-a} = \dfrac{1}{30}$　　　(4)

$20 \leqq a < b \leqq 40$ のとき　　$\dfrac{b-a}{60} \cdot \dfrac{1}{b-a} = \dfrac{1}{60}$　　　(5)

$a \geqq 40$ または $b \leqq 0$ のとき　　　$0$　　　(6)

以下，$\Delta x > 0$ とする．

連続型確率変数 $X$ のとり得る値 $x$ について，区間 $[x, x+\Delta x]$ における確率密度

$$\dfrac{1}{\Delta x} P(x \leqq X \leqq x + \Delta x)$$

の $\Delta x \to 0$ の極限値が存在するとすれば，その極限値は $x$ の関数となる．これを $f(x)$ とおくと

$$f(x) = \lim_{\Delta x \to 0} \dfrac{1}{\Delta x} P(x \leqq X \leqq x + \Delta x) \tag{7}$$

$f(x)$ を確率変数 $X$ の**確率密度関数**という．

**例6**　最初の例の $X$ について，$\Delta x$ を十分小さくすると

　　$0 \leqq x < 20$ のとき　　(4)
　　$20 \leqq x < 40$ のとき　　(5)
　　$x < 0,\ x \geqq 40$ のとき　　(6)

の場合になるから，確率密度関数は

$$f(x) = \begin{cases} \dfrac{1}{30} & (0 \leqq x < 20) \\ \dfrac{1}{60} & (20 \leqq x < 40) \\ 0 & (x < 0,\ x \geqq 40) \end{cases}$$

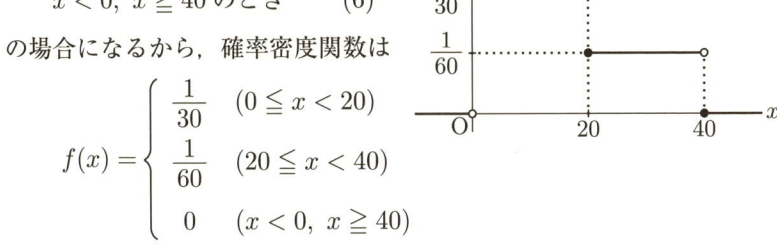

最初の例において，電車が毎時 0 分と 30 分に発車する場合は，電車を待つ時間 $X$ の確率密度関数は次のようになる．

$$f(x) = \begin{cases} \dfrac{1}{30} & (0 \leqq x < 30) \\ 0 & (x < 0,\ x \geqq 30) \end{cases} \tag{8}$$

一般に，定数 $a, b$ $(a<b)$ について，確率変数 $X$ が $a$ と $b$ の間の値だけをとり，どの値をとることも同程度に期待できるとき，$X$ の確率分布を区間 $(a, b)$ 上の**一様分布**という．

(8) と同様にして，$(a, b)$ 上の一様分布の確率密度関数

$$f(x) = \begin{cases} \dfrac{1}{b-a} & (a<x<b) \\ 0 & (x<a,\ x>b) \end{cases} \quad (9)$$

が得られる．

（注） $X=a$ となることがあったとしても，$P(X=a)=0$ だから，確率の計算には関係しない．$X=b$ についても同様である．(9) において，$x$ の区間の端点に等号を入れていないのはこの理由による．

問15　正の実数から無作為に 1 つの数をとり，その小数部分を $X$ とする．$X$ の確率密度関数を求め，そのグラフをかけ．

連続型確率変数 $X$ について，値 $x$ 以下である確率を $F(x)$ で表すと

$$F(x) = P(X \leqq x) = P(-\infty < X \leqq x) \quad (10)$$

関数 $F(x)$ を $X$ の**累積分布関数**または単に**分布関数**という．

確率密度関数 $f(x)$ と分布関数 $F(x)$ の性質を調べよう．

まず，(7) より $f(x) \geqq 0$ である．

また，(10) より，$F(x)$ は単調に増加し，次の等式が成り立つ．

$$F(-\infty) = 0,\ F(\infty) = 1 \quad (11)$$

$$P(a \leqq X \leqq b) = P(X \leqq b) - P(X \leqq a) = F(b) - F(a) \quad (12)$$

(12) より

$$P(x \leqq X \leqq x + \varDelta x) = F(x + \varDelta x) - F(x)$$

(7) に代入して

$$f(x) = \lim_{\varDelta x \to 0} \frac{F(x + \varDelta x) - F(x)}{\varDelta x}$$

導関数の定義より、右辺は $F'(x)$ になるから
$$f(x) = F'(x)$$
両辺を $-\infty$ から $x$ まで積分すると
$$\int_{-\infty}^{x} f(x)\,dx = F(x) \qquad (13)$$
(13) と (11), (12) より、次の等式が成り立つ。
$$\int_{-\infty}^{\infty} f(x)\,dx = 1 \qquad (14)$$
$$P(a \leqq X \leqq b) = \int_{a}^{b} f(x)\,dx \qquad (15)$$

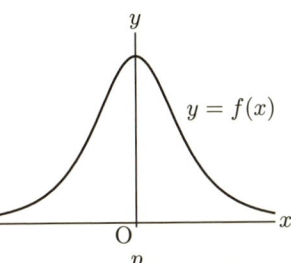

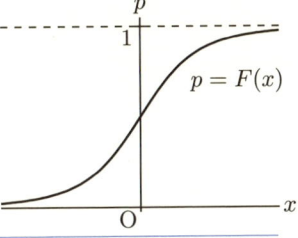

**例題 4** $X$ の確率密度関数が
$$f(x) = \begin{cases} k(1-x^2) & (|x| \leqq 1 \text{ のとき}) \\ 0 & (|x| > 1 \text{ のとき}) \end{cases}$$
で与えられるとき, 定数 $k$ の値を定め, 確率 $P(-0.5 \leqq X \leqq 1.5)$ の値を求めよ.

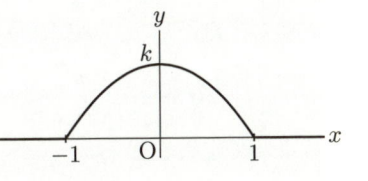

**解** $\displaystyle\int_{-\infty}^{\infty} f(x)\,dx = \int_{-1}^{1} k(1-x^2)\,dx = k\left[x - \frac{1}{3}x^3\right]_{-1}^{1} = \frac{4}{3}k$

したがって, (14) より $\dfrac{4}{3}k = 1$ $\therefore$ $k = \dfrac{3}{4}$

$P(-0.5 \leqq X \leqq 1.5) = \displaystyle\int_{-0.5}^{1.5} f(x)\,dx = \int_{-0.5}^{1} \frac{3}{4}(1-x^2)\,dx = \frac{27}{32}$ //

**問 16** $X$ の確率密度関数 $f(x)$ が
$$f(x) = \begin{cases} ax & (0 \leqq x \leqq 2 \text{ のとき}) \\ 0 & (x < 0,\ x > 2 \text{ のとき}) \end{cases}$$
で与えられるとき, 定数 $a$ の値を定め, 次の確率の値を求めよ.

(1) $P(1 \leqq X \leqq 2)$ (2) $P(-1 \leqq X \leqq 1)$ (3) $P(0 \leqq X \leqq 3)$

## 1・5 連続型確率変数の平均と分散

$X$ を連続型確率変数,$f(x)$ を $X$ の確率密度関数とする.65 ページの (7) より $\Delta x$ を十分小さくとるとき

$$P(x \leqq X \leqq x + \Delta x) \fallingdotseq f(x)\Delta x$$

が成り立つ.このことから,離散型の場合に対応して,次の積分の値を $X$ の**平均**または**期待値**といい,$E[X]$ で表す.

$$E[X] = \int_{-\infty}^{\infty} xf(x)\,dx$$

また,$\mu = E[X]$ とおくとき,$X$ の**分散** $V[X]$,**標準偏差** $\sigma$ を

$$V[X] = E[(X - \mu)^2] = \int_{-\infty}^{\infty} (x - \mu)^2 f(x)\,dx$$

$$\sigma = \sqrt{V[X]}$$

とする.ただし,$X$ の関数 $\varphi(X)$ の平均 $E[\varphi(X)]$ を

$$E[\varphi(X)] = \int_{-\infty}^{\infty} \varphi(x) f(x)\,dx$$

によって定める.

平均と分散について,離散型の場合と同様に次の式が成り立つ.

―― **平均と分散の性質** ――

$a, b$ を定数とするとき

(I) $E[aX + b] = aE[X] + b$

(II) $V[X] = E[X^2] - (E[X])^2$

(III) $V[aX + b] = a^2 V[X]$

**証明** $\displaystyle\int_{-\infty}^{\infty} f(x)\,dx = 1$ を用いる.

(I) $\displaystyle E[aX + b] = \int_{-\infty}^{\infty} (ax + b) f(x)\,dx$

$\displaystyle\qquad = a\int_{-\infty}^{\infty} xf(x)\,dx + b\int_{-\infty}^{\infty} f(x)\,dx = aE[X] + b$

(II) $E[X] = \mu$ とおく.

$$V[X] = \int_{-\infty}^{\infty} (x-\mu)^2 f(x)\,dx = \int_{-\infty}^{\infty} (x^2 - 2\mu x + \mu^2) f(x)\,dx$$

$$= \int_{-\infty}^{\infty} x^2 f(x)\,dx - 2\mu \int_{-\infty}^{\infty} x f(x)\,dx + \mu^2 \int_{-\infty}^{\infty} f(x)\,dx$$

$$= E[X^2] - 2\mu \cdot \mu + \mu^2 = E[X^2] - \mu^2 = E[X^2] - (E[X])^2$$

(III) $$V[aX+b] = \int_{-\infty}^{\infty} \{ax+b - (a\mu+b)\}^2 f(x)\,dx$$

$$= a^2 \int_{-\infty}^{\infty} (x-\mu)^2 f(x)\,dx = a^2 V[X] \qquad //$$

---

**例題 5** $X$ の確率密度関数が

$$f(x) = \begin{cases} \dfrac{3}{4}(1-x^2) & (|x| \leqq 1 \text{ のとき}) \\ 0 & (|x| > 1 \text{ のとき}) \end{cases}$$

で与えられるとき, $X$ の平均と分散を求めよ.

**解** $$E[X] = \int_{-\infty}^{\infty} x f(x)\,dx = \int_{-1}^{1} x \cdot \frac{3}{4}(1-x^2)\,dx = 0$$

$$V[X] = E[X^2] - (E[X])^2 = \int_{-1}^{1} x^2 \cdot \frac{3}{4}(1-x^2)\,dx$$

$$= \frac{3}{2} \int_{0}^{1} (x^2 - x^4)\,dx = \frac{3}{2}\left[\frac{1}{3}x^3 - \frac{1}{5}x^5\right]_0^1 = \frac{1}{5} \qquad //$$

**問 17** $X$ の確率密度関数 $f(x)$ が

$$f(x) = \begin{cases} 2x & (0 \leqq x \leqq 1 \text{ のとき}) \\ 0 & (x < 0,\ x > 1 \text{ のとき}) \end{cases}$$

で与えられるとき, $X$ の平均と分散を求めよ.

**問 18** 区間 $(a, b)$ の上の一様分布に従う $X$ について, 次を証明せよ.

$$E[X] = \frac{a+b}{2},\ V[X] = \frac{(b-a)^2}{12}$$

## 1·6 正規分布

以後，$e^a$ において，指数 $a$ が複雑な式の場合には，$\exp(a)$ と書く．

連続型確率変数 $X$ の確率密度関数が，定数 $\mu$ および正の定数 $\sigma$ について

$$f(x) = \frac{1}{\sqrt{2\pi}\,\sigma} \exp\left(-\frac{(x-\mu)^2}{2\sigma^2}\right) \tag{1}$$

で与えられるとき，この確率分布を**正規分布**といい，$N(\mu,\,\sigma^2)$ で表す．

(1) のグラフは直線 $x = \mu$ に関して対称である．$x = \mu$ で最大値をとり，$x = \mu \pm \sigma$ で変曲点となる．

正規分布は，統計学で用いられる最も重要な連続型確率分布である．自然科学や社会科学における多くの不確実な現象がこの分布に当てはまるばかりでなく，多くの統計理論が正規分布に基づいているからである．

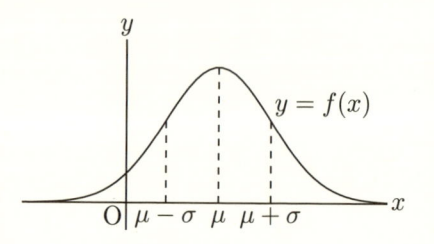

正規分布の平均，分散について次のことが知られている．

---
**正規分布の平均・分散**

正規分布 $N(\mu,\,\sigma^2)$ について
 平均は $\mu$，分散は $\sigma^2$

---

平均が 0，分散が 1 の正規分布 $N(0,\,1)$ を**標準正規分布**という．確率変数 $Z$ が $N(0,\,1)$ に従うとき，$Z$ の確率密度関数は

$$\phi(z) = \frac{1}{\sqrt{2\pi}} e^{-\frac{z^2}{2}} \tag{2}$$

となる．

巻末の正規分布表は，標準正規分布の分布関数

$$\Phi(z) = P(Z \leqq z) = \int_{-\infty}^{z} \phi(z)\,dz \tag{3}$$

の値を，$0.00 \leqq z \leqq 3.99$ である $z$ について示したものである．

§1 確率変数と確率分布

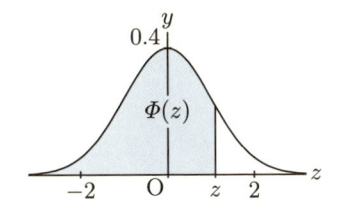

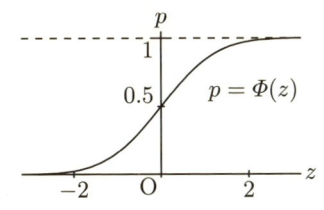

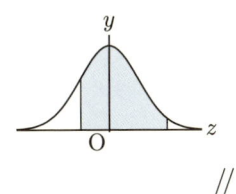

**例題 6** $Z$ が標準正規分布に従うとき，次の確率の値を求めよ．

(1) $P(0.61 \leqq Z \leqq 0.82)$　　(2) $P(Z \geqq 1.57)$

(3) $P(Z \leqq -2.06)$　　(4) $P(-1 \leqq Z \leqq 2)$

**解** (1) $P(0.61 \leqq Z \leqq 0.82)$
$$= P(Z \leqq 0.82) - P(Z \leqq 0.61)$$
$$= \Phi(0.82) - \Phi(0.61)$$
$$= 0.7939 - 0.7291 = 0.0648$$

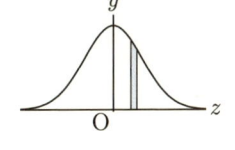

(2) $P(Z \geqq 1.57) = 1 - P(Z \leqq 1.57)$
$$= 1 - \Phi(1.57)$$
$$= 1 - 0.9418 = 0.0582$$

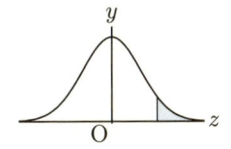

(3) グラフの対称性を利用すると
$$P(Z \leqq -2.06) = P(Z \geqq 2.06)$$
$$= 1 - \Phi(2.06)$$
$$= 1 - 0.9803 = 0.0197$$

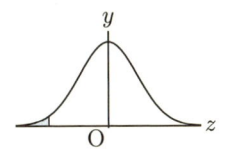

(4) $P(-1 \leqq Z \leqq 2) = P(Z \leqq 2) - P(Z \leqq -1)$
$$= P(Z \leqq 2) - P(Z \geqq 1)$$
$$= \Phi(2) - (1 - \Phi(1))$$
$$= 0.9772 - (1 - 0.8413)$$
$$= 0.8185$$
//

**問19** $Z$ が標準正規分布に従うとき，次の確率の値を求めよ．

(1) $P(Z \leqq 1.38)$ 　　　　(2) $P(Z \geqq -1.96)$

(3) $P(Z \leqq -2.5)$ 　　　　(4) $P(-1 \leqq Z \leqq -0.5)$

確率変数 $X$ が正規分布 $N(\mu, \sigma^2)$ に従うとすると

$$P(X \leqq c) = \int_{-\infty}^{c} \frac{1}{\sqrt{2\pi}\,\sigma} \exp\left(-\frac{(x-\mu)^2}{2\sigma^2}\right) dx$$

右辺の積分で，$z = \dfrac{x-\mu}{\sigma}$ とおけば，次の式が成り立つ．

$$P(X \leqq c) = \int_{-\infty}^{\frac{c-\mu}{\sigma}} \frac{1}{\sqrt{2\pi}} e^{-\frac{z^2}{2}}\, dz \tag{4}$$

(4) の右辺の被積分関数は，標準正規分布 $N(0, 1)$ の確率密度関数になっている．このことから，$X$ を標準化した確率変数 $Z = \dfrac{X-\mu}{\sigma}$ は標準正規分布 $N(0, 1)$ に従うことがわかる．

― **正規分布の標準化** ―

$X$ が $N(\mu, \sigma^2)$ に従うとき，$X$ を標準化した確率変数 $Z = \dfrac{X-\mu}{\sigma}$ は標準正規分布 $N(0, 1)$ に従い

$$P(X \leqq c) = P\left(Z \leqq \frac{c-\mu}{\sigma}\right) \tag{5}$$

**例題7** $X$ が正規分布 $N(\mu, \sigma^2)$ に従うとき，次の確率を求めよ．

(1) $P(\mu - \sigma \leqq X \leqq \mu + \sigma)$ 　　(2) $P(\mu - 2\sigma \leqq X \leqq \mu + 2\sigma)$

(3) $P(\mu - 3\sigma \leqq X \leqq \mu + 3\sigma)$

**解** $Z = \dfrac{X-\mu}{\sigma}$ は標準正規分布に従う．

(1) $P(\mu - \sigma \leqq X \leqq \mu + \sigma) = P\left(\dfrac{\mu - \sigma - \mu}{\sigma} \leqq Z \leqq \dfrac{\mu + \sigma - \mu}{\sigma}\right)$

$\qquad\qquad\qquad\qquad\qquad = P(-1 \leqq Z \leqq 1) = 0.6826$

(2) $P(\mu - 2\sigma \leqq X \leqq \mu + 2\sigma) = P\left(\dfrac{\mu - 2\sigma - \mu}{\sigma} \leqq Z \leqq \dfrac{\mu + 2\sigma - \mu}{\sigma}\right)$
$= P(-2 \leqq Z \leqq 2) = 0.9544$

(3) $P(\mu - 3\sigma \leqq X \leqq \mu + 3\sigma) = P\left(\dfrac{\mu - 3\sigma - \mu}{\sigma} \leqq Z \leqq \dfrac{\mu + 3\sigma - \mu}{\sigma}\right)$
$= P(-3 \leqq Z \leqq 3) = 0.9974$

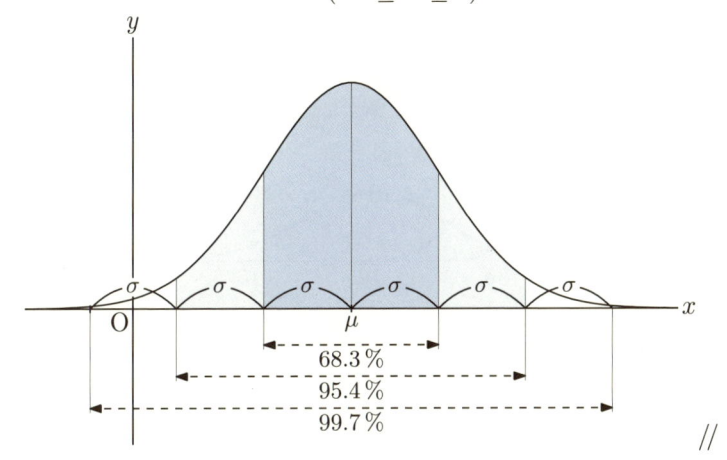

問20  $X$ が $N(10,\ 5^2)$ に従う確率変数のとき，次の確率の値を求めよ．

(1) $P(6.5 \leqq X \leqq 13.5)$     (2) $P(12.5 \leqq X \leqq 17.5)$

(3) $P(5.5 \leqq X \leqq 8.5)$     (4) $P(X \leqq 14.5)$

(5) $P(X \leqq 4.4)$

問21  18 歳の男子の身長 $X$（単位 cm）は $N(171.1,\ 5.8^2)$ に従うという．このとき，18 歳の男子 1000 人のうち身長が 180cm 以上の者は何人いると考えられるか．

問22  ある学校の入学試験で，受験生の総合得点は $N(600,\ 100^2)$ に従っているという．総合得点で上位 10 ％以内に入るには，何点以上をとっていなければならないか．

## 1・7 二項分布と正規分布の関係

二項分布 $B(n, p)$ の平均と分散は，60 ページの公式より，それぞれ $np$, $npq$ である．$p = 0.2$ とし，$B(n, p)$ の確率分布と正規分布 $N(np, npq)$ の確率密度関数のグラフをいくつかの $n$ についてかくと次のようになり，$n$ が大きいとき，2 つのグラフはほぼ重なることが見られる．

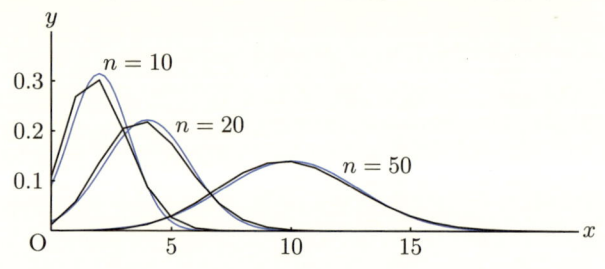

実際，確率変数 $X$ が $B(n, p)$ に従い，$f(x)$ が $N(np, npq)$ の確率密度関数であるとき，$p$ を定数として $n$ を大きくすると

$$P(X = k) \fallingdotseq f(k) \quad (k = 0, 1, \cdots, n) \tag{1}$$

であることが知られている．

また，図のように，$f(k)$ の値は区間 $[k - 0.5, k + 0.5]$ を底辺とする高さ $f(k)$ の長方形の面積となり，$y = f(x)$ のグラフと 2 直線 $x = k - 0.5$, $x = k + 0.5$ で囲まれる図形の面積，すなわち

$$\int_{k-0.5}^{k+0.5} f(x)\,dx \tag{2}$$

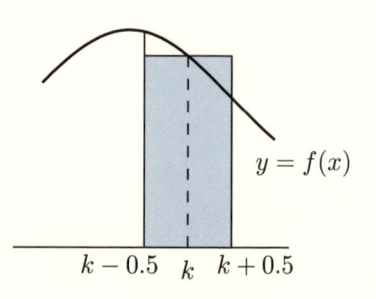

で近似される．

正規分布 $N(np, npq)$ に従う確率変数を $X'$ とすると，(2) は

$$P(k - 0.5 \leqq X' \leqq k + 0.5)$$

となるから，$X'$ の標準化 $Z$ について，$n$ が大きいとき，(1) より

$$P(X=k) \fallingdotseq P\left(\frac{k-0.5-np}{\sqrt{npq}} \leqq Z \leqq \frac{k+0.5-np}{\sqrt{npq}}\right) \quad (3)$$

が成り立つ.

$0 < a < b < n$ である整数 $a, b$ について

$$P(a \leqq X \leqq b) = \sum_{k=a}^{b} P(X=k)$$

したがって，(3) より次の公式が得られる．

──── 二項分布の正規分布による近似 ────

$X$ が $B(n, p)$ に従い，$Z$ が標準正規分布に従うとき，$n$ が十分に大きいならば，次の近似式が成り立つ．(ただし $q = 1 - p$)

$$P(a \leqq X \leqq b) \fallingdotseq P\left(\frac{a-0.5-np}{\sqrt{npq}} \leqq Z \leqq \frac{b+0.5-np}{\sqrt{npq}}\right)$$

**例題 8** 1 枚の硬貨を 100 回投げるとき，表の出る回数を $X$ とする．確率 $P(46 \leqq X \leqq 54)$ の近似値を求めよ．

**解** $X$ は二項分布 $B(n, p)$, $n = 100$, $p = q = \dfrac{1}{2}$ に従う．

$$np = 100 \times \frac{1}{2} = 50, \quad \sqrt{npq} = \sqrt{100 \times \frac{1}{2} \times \frac{1}{2}} = 5$$

$$\therefore P(46 \leqq X \leqq 54) \fallingdotseq P\left(\frac{46-0.5-50}{5} \leqq Z \leqq \frac{54+0.5-50}{5}\right)$$

$$= P(-0.9 \leqq Z \leqq 0.9) = 0.6318 \quad //$$

(注) 二項分布の公式で計算すると，0.631798 となる．

**問 23** 1 枚の硬貨を 200 回投げるとき，表の出る回数が 96 以上 105 以下である確率の近似値を求めよ．

**問 24** 1 つのさいころを 300 回投げるとき，1 の目の出る回数が 47 以上 54 以下である確率の近似値を求めよ．

## 練習問題 1-A

1. 2枚の硬貨を同時に投げることを 10 回繰り返すとき，2枚とも表が出る回数を $X$ とする．
   (1) $X$ の確率分布を求めよ．
   (2) 2枚とも表が出る回数が 2 以下となる確率を求めよ．

2. ある型のコンピュータの故障率は 0.001 であることが知られている．このコンピュータ 1000 台を使用したとき，4 台以上故障する確率はいくらか．

3. 確率変数 $X$ が $(0, 1)$ 上の一様分布に従うとき，$X$ の分布関数 $F(x)$ を求めよ．

4. 確率変数 $X$ の確率密度関数 $f(x)$ が次で与えられるとき，定数 $a$, $E[X]$, $V[X]$ を求めよ．
$$f(x) = \begin{cases} a(2-x) & (0 \leqq x \leqq 2) \\ 0 & (その他の x のとき) \end{cases}$$

5. ある果実 1 個の重さ（単位 g）が正規分布 $N(350, 20^2)$ に従っているという．この果実を重さの順に 3 つの階級に分け，それぞれの階級の果実の数が同じになるようにするには，何 g と何 g で区切ったらよいか．

## 練習問題 1-B

**1.** ある試験問題は，それぞれの問題が正解を 1 つだけ含む 5 つの選択肢からなる．すべての問題の答えを無作為に選ぶとき，次の確率を求めよ．

(1) 試験問題は全部で 10 問あり，この中の 5 問以上が正解となる確率

(2) 試験問題は全部で 100 問あり，その中の 30 問以上が正解となる確率

**2.** ある培養液から $1\,\mathrm{m}l$ をとると，その中に入っている菌の個数は，ポアソン分布 $P_o(3)$ に従うことがわかっているものとする．

(1) この培養液 $1\,\mathrm{m}l$ の中に菌が 1 個以下である確率を求めよ．

(2) 3 本の試験管に $1\,\mathrm{m}l$ ずつの培養液を入れるとき，3 本全部で菌が 1 個以下である確率を求めよ．

**3.** 連続型確率変数 $X$ の分布関数 $F(x)$ に対して，その導関数 $F'(x)$ が
$$F'(x) > 0 \quad (x \text{ は実数})$$
を満たすならば，確率変数 $Y = F(X)$ は区間 $(0, 1)$ 上の一様分布に従うことを証明せよ．

## §2 統計量と標本分布

### 2·1 確率変数の関数

さいころを2回投げて,1回目および2回目の目の数をそれぞれ $X_1$, $X_2$ とする.このとき,和 $X_1 + X_2$ は2から12までの値をとる確率変数であり,その確率分布表は次のようになる.

| $k$ | 2 | 3 | 4 | 5 | 6 | 7 | 8 | 9 | 10 | 11 | 12 | 計 |
|---|---|---|---|---|---|---|---|---|---|---|---|---|
| $P(X_1+X_2=k)$ | $\frac{1}{36}$ | $\frac{2}{36}$ | $\frac{3}{36}$ | $\frac{4}{36}$ | $\frac{5}{36}$ | $\frac{6}{36}$ | $\frac{5}{36}$ | $\frac{4}{36}$ | $\frac{3}{36}$ | $\frac{2}{36}$ | $\frac{1}{36}$ | 1 |

このように,確率変数 $X_1$, $X_2$ について,それらの関数 $\varphi(X_1, X_2)$ も確率変数になる.

**問1** 袋の中に,1,2,3 の数字の書かれた玉が1個ずつ入っていて,この袋から1個ずつ復元抽出する.1回目,2回目に出る数をそれぞれ $X_1$, $X_2$ とするとき,$X_1{}^2 + X_2{}^2$ のとり得る値を求めよ.また,確率分布表を作れ.

確率変数 $X_1$, $X_2$ について,$X_1$ に関する任意の事象と $X_2$ に関する任意の事象が独立であるとき,確率変数 $X_1$, $X_2$ は**互いに独立**であるという.

$X_1$, $X_2$ が離散型確率変数のときは,$X_1$, $X_2$ のとり得る任意の値 $a$, $b$ について

$$P(X_1 = a, X_2 = b) = P(X_1 = a)P(X_2 = b) \qquad (1)$$

連続型確率変数のときは,任意の数 $a$, $b$, $c$, $d$ ($a < b$, $c < d$) について

$$P(a \leqq X_1 \leqq b,\ c \leqq X_2 \leqq d) = P(a \leqq X_1 \leqq b)\,P(c \leqq X_2 \leqq d) \qquad (2)$$

が成り立てば,$X_1$, $X_2$ は互いに独立であることが知られている.

(注) (1)において,$P(X_1 = a, X_2 = b)$ は事象 $X_1 = a$ と $X_2 = b$ が同時

に起こる確率を表す．(2) においても同様である．

**例1** 78 ページの例では，1 以上 6 以下の整数 $a, b$ について
$$P(X_1 = a, X_2 = b) = \frac{1}{36}, \ P(X_1 = a) = P(X_2 = b) = \frac{1}{6}$$
となるから，$X_1, X_2$ は互いに独立である．また，問 1 の復元抽出の場合も $X_1, X_2$ は互いに独立である．

**問2** 問 1 で非復元抽出とするとき，$P(X_1 = 1)$，$P(X_2 = 2)$ および $P(X_1 = 1, X_2 = 2)$ を求めよ．また，$X_1, X_2$ は互いに独立であるかを調べよ．

確率変数 $X_1, X_2$ の関数は確率変数となるから，その平均や分散を考えることができる．

このとき，平均について次の性質が成り立つ．

--- **平均の性質** ---

（Ⅰ） $a, b, c$ が定数のとき
$$E[aX_1 + bX_2 + c] = aE[X_1] + bE[X_2] + c$$
特に $E[X_1 + X_2] = E[X_1] + E[X_2]$

（Ⅱ） $X_1, X_2$ が互いに独立であるならば
$$E[X_1 X_2] = E[X_1]E[X_2]$$

---

**例2** 78 ページの例の $X_1, X_2$ について
$$E[X_1] = E[X_2] = (1+2+3+4+5+6) \times \frac{1}{6} = \frac{7}{2}$$
$$E[X_1+X_2] = E[X_1]+E[X_2] = 7, \ E[X_1 X_2] = E[X_1]E[X_2] = \frac{49}{4}$$

**問3** 問 1 について，$\dfrac{X_1 + X_2}{2}$ および $X_1 X_2$ の平均を求めよ．

**問4** 連続型確率変数 $X_1, X_2$ はそれぞれ正規分布 $N(\mu_1, \sigma_1{}^2)$，$N(\mu_2, \sigma_2{}^2)$ に従うとき，$\dfrac{X_1 + X_2}{2}$ の平均を求めよ．

分散については次の性質が成り立つ．

---
**分散の性質**

$a, b$ が定数で，$X_1, X_2$ が互いに独立であるならば
$$V[aX_1 + bX_2] = a^2 V[X_1] + b^2 V[X_2]$$
特に　$V[X_1 + X_2] = V[X_1] + V[X_2]$

---

**問5**　離散型確率変数 $X, Y$ は互いに独立で，それぞれ二項分布 $B(n_1, p_1), B(n_2, p_2)$ に従うとき，和 $X + Y$ の平均と分散を求めよ．

3つ以上の確率変数 $X_1, X_2, \cdots, X_n$ について，$X_1$ に関する任意の事象，$X_2$ に関する任意の事象，$\cdots$ が独立であるとき，$X_1, X_2, \cdots, X_n$ は独立であると定める．

また，確率変数 $X_1, X_2, \cdots, X_n$ の関数も確率変数になる．特に，定数 $a_1, a_2, \cdots, a_n$ に対して
$$a_1 X_1 + a_2 X_2 + \cdots + a_n X_n \tag{3}$$
は確率変数である．

この確率変数の平均と分散について，次の性質が成り立つ．

---
**平均と分散の性質**

$X_1, X_2, \cdots, X_n$ を確率変数とするとき
$$\begin{aligned} &E[a_1 X_1 + a_2 X_2 + \cdots + a_n X_n] \\ &= a_1 E[X_1] + a_2 E[X_2] + \cdots + a_n E[X_n] \end{aligned} \tag{4}$$
特に　$E[X_1 + X_2 + \cdots + X_n] = E[X_1] + E[X_2] + \cdots + E[X_n]$
また，$X_1, X_2, \cdots, X_n$ が互いに独立であるならば
$$\begin{aligned} &V[a_1 X_1 + a_2 X_2 + \cdots + a_n X_n] \\ &= a_1^2 V[X_1] + a_2^2 V[X_2] + \cdots + a_n^2 V[X_n] \end{aligned} \tag{5}$$
特に　$V[X_1 + X_2 + \cdots + X_n] = V[X_1] + V[X_2] + \cdots + V[X_n]$

---

### 2·2 母集団と標本

全国の満 18 歳男子の身長を調べる場合，該当者全員を調べるには多くの時間と労力が必要なため，通常は該当者の一部を抜き出して調べることになる．また，工場で製品の品質を検査する場合に，検査によって製品に傷がつくようなときには，すべての製品を検査するわけにはいかない．

全国の満 18 歳男子全体や工場で作られる全製品のように，調べたい対象となる全体を**母集団**という．また，男子や製品のような母集団を構成する個々の対象，あるいはその特性値（身長など）を母集団の**要素**といい，母集団から選び出された要素，またはその特性値を**標本**という．

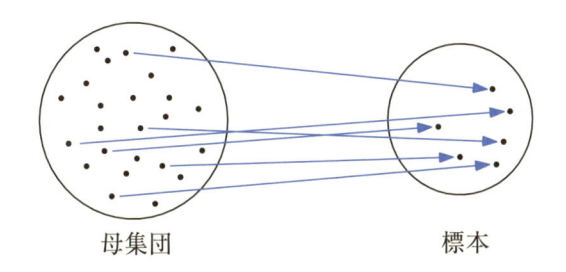

母集団　　　　標本

一般に，ある変量に注目して，母集団からいくつかの標本を選ぶとき，1 つ 1 つの標本の値は確率変数である．たとえば，全国の満 18 歳男子から 1 人の男子を選びその身長（単位 cm）を $X$ とする．選ばれた標本 $X$ はある範囲内の任意の実数の値をとり得るから，1 つの確率変数である．

$N$ 個の要素を含む母集団を**大きさ $N$ の母集団**という．大きさが有限の場合に**有限母集団**といい，無限の場合に**無限母集団**という．実際問題では，日本人全体のように $N$ が有限でも極めて大きいならば無限母集団として扱われる．また，$n$ 個の要素を含む標本を**大きさ $n$ の標本**という．

母集団から標本を抜き出すことを**標本抽出**といい，母集団から標本抽出を行って調査する方法を**標本調査**という．一方，母集団全体を調査する方

法を**全数調査**という．たとえば，日本における国勢調査はもっとも大規模な全数調査である．

標本調査では，標本は母集団のようすをできるだけ忠実に反映するように抽出されなければならない．そのために，母集団の各要素が等しい確率で抽出されるようにする．このようにして抽出された標本を**無作為標本**（ランダムサンプル）といい，このような抽出法を**無作為抽出法**という．

無作為抽出を行うとき，次に述べる乱数がよく用いられる．

$0, 1, 2, \cdots, 9$ の10個の数字から無作為に復元抽出することを繰り返すとき，たとえば次のような数列ができる．

$$5, 4, 9, 7, 1, 4, 6, 9, 0, 6, \cdots$$

この数列は，0から9までの数字が偏りなく現れ，また，数字の並びには規則性がない．このような数列を**乱数**という．

実用上は，乱数を表にした乱数表や，**擬似乱数**といわれるコンピュータによって作られた乱数に近いものを用いることが多い．

巻末の乱数表を利用して無作為抽出する例をあげよう．

**例3** 800人の学生から10人を無作為に非復元抽出する場合

（Ⅰ）800人の学生に番号を割り当てる．

（Ⅱ）乱数表のどこから使い始めるかを無作為に定める．その結果，第3行第8列の7が選ばれたとする．

（Ⅲ）（Ⅱ）で選んだ場所から，どのような方向に進んで乱数をとって行くかを無作為に決める．たとえば右に進んで行って行の終りまで行ったら次の行の始めに行って右に進む，というように決める．

（Ⅳ）乱数を選ぶ．使い始める場所から3列を1組にして選んで行く．このとき800より大きい組や000があれば除き，また重複するものを除いて，初めの方から順に10組を選ぶと，次のようになる．

$$766, 565, 026, 710, 732, 531, 355, 385, 754, 141$$

## 2・3 統計量と標本分布

母集団から大きさ1の標本を無作為抽出するとき,ある変量に着目して,その値を $X_1$ とすると, $X_1$ は確率変数である.

無作為抽出された大きさ $n$ の標本について,それらの変量の値を $X_1, X_2, \cdots, X_n$ で表す.ただし,母集団は極めて大きいか,そうでない場合は復元抽出をすることにする.このとき,確率変数 $X_1, X_2, \cdots, X_n$ は同一の分布に従う.また,互いに独立であると考えてよい.このような確率変数 $X_1, X_2, \cdots, X_n$ を**無作為標本**という.無作為標本 $X_1, X_2, \cdots, X_n$ の関数を**統計量**という.よく用いられる統計量には次のものがある.

$$\overline{X} = \frac{1}{n}\sum_{i=1}^{n} X_i$$

$$S^2 = \frac{1}{n}\sum_{i=1}^{n}(X_i - \overline{X})^2$$

$$U^2 = \frac{1}{n-1}\sum_{i=1}^{n}(X_i - \overline{X})^2 = \frac{n}{n-1}S^2$$

$\overline{X}, S^2, U^2$ をそれぞれ**標本平均**,**標本分散**,**不偏分散**という.

(注) 標本の分散については,不偏分散を用いることが多い.

統計量は確率変数であり,その確率分布を**標本分布**という.標本分布に対して,もとの母集団の確率分布を**母集団分布**という.特に,母集団分布が正規分布である母集団を**正規母集団**という.

母集団の平均や分散などを,それぞれ**母平均**,**母分散**などといい,これらの特性値を総称して**母数**(**パラメータ**)という.

母集団について,母平均を $\mu$,母分散を $\sigma^2$ とすると,無作為標本 $X_1, X_2, \cdots, X_n$ は互いに独立で,各 $X_i$ は母集団分布に従うから

$$E[X_i] = \mu, \quad V[X_i] = \sigma^2 \quad (i = 1, 2, \cdots, n)$$

これから, $\overline{X}$ について次の公式が成り立つ.

## 標本平均の平均と分散

母平均が $\mu$, 母分散が $\sigma^2$ である母集団から大きさ $n$ の標本を無作為抽出するとき,その標本平均を $\overline{X}$ とすると
$$E[\overline{X}] = \mu, \qquad V[\overline{X}] = \frac{\sigma^2}{n} \qquad (1)$$

**証明** 80ページの平均と分散の性質より
$$E[\overline{X}] = \frac{1}{n}\left(E[X_1] + E[X_2] + \cdots + E[X_n]\right) = \mu$$
$$V[\overline{X}] = \frac{1}{n^2}\left(V[X_1] + V[X_2] + \cdots + V[X_n]\right) = \frac{\sigma^2}{n} \qquad //$$

(注) 分散 $V[\overline{X}] = \dfrac{\sigma^2}{n}$ は,標本の大きさ $n$ が大きくなるにつれて 0 に近づくから,$\overline{X}$ の値が母平均 $\mu$ の近くにある確率は極めて高くなる.この事実を**大数(たいすう)の法則**という.

**問6** さいころを 100 回投げたときに出る目の平均を $\overline{X}$ とするとき,$\overline{X}$ の平均と分散を求めよ.

一般に,確率変数 $X_1, X_2, \cdots, X_n$ が互いに独立で,それぞれ正規分布 $N(\mu_1, \sigma_1{}^2), N(\mu_2, \sigma_2{}^2), \cdots, N(\mu_n, \sigma_n{}^2)$ に従うとき,定数 $a_1, a_2, \cdots, a_n$ について,確率変数 $\sum_{i=1}^{n} a_i X_i$ は再び正規分布に従うことが知られている.この性質と上の公式より,次のことが成り立つ.

## 正規母集団の標本分布

正規母集団 $N(\mu, \sigma^2)$ から大きさ $n$ の標本を無作為抽出するとき,その標本平均 $\overline{X}$ は正規分布 $N\left(\mu, \dfrac{\sigma^2}{n}\right)$ に従う.

**例4** 正規母集団 $N(30, 16)$ から大きさ 10 の標本を無作為抽出するとき,$\overline{X}$ は $N\left(30, \dfrac{16}{10}\right)$ に従う.たとえば $\overline{X} \leqq 32$ となる確率は
$$P(\overline{X} \leqq 32) = P\left(Z \leqq \frac{32 - 30}{4/\sqrt{10}}\right) \fallingdotseq P(Z \leqq 1.58) = 0.9429$$

問7　正規母集団 $N(6, 2)$ から大きさ 50 の標本を無作為抽出するとき，$\overline{X} \geqq 6.5$ となる確率を求めよ．

一般に，$X_1, X_2, \cdots, X_n$ が正規分布に従わないときでも，$n$ が大きいときには $\overline{X}$ は近似的に正規分布に従うことが知られている．すなわち，次の定理が成り立つ．これを**中心極限定理**という．

---- 中心極限定理 ----

確率変数 $X_1, X_2, \cdots, X_n$ が互いに独立で，平均 $\mu$ と分散 $\sigma^2$ をもつ同一の確率分布に従うとする．$n$ が大きいとき，$X_1, X_2, \cdots, X_n$ の標本平均 $\overline{X}$ は，近似的に正規分布 $N\left(\mu, \dfrac{\sigma^2}{n}\right)$ に従う．

---

中心極限定理から，平均 $\mu$，分散 $\sigma^2$ の任意の母集団から抽出した標本の平均 $\overline{X}$ について，$\overline{X}$ を標準化した $Z = \dfrac{\overline{X} - \mu}{\sqrt{\sigma^2/n}}$ は，$n$ が大きいとき，近似的に標準正規分布 $N(0, 1)$ に従う．

**例題 1**　ある工業製品の重量（単位 g）の平均 $\mu$，分散 $\sigma^2$ はそれぞれ 23.4, 4.35 であることが知られている．この工業製品から 100 個の標本を抽出するとき，標本平均 $\overline{X}$ が 23.0 より小さくなる確率を求めよ．

**解**　$Z = \dfrac{\overline{X} - 23.4}{\sqrt{4.35/100}}$ とおくと，$Z$ は近似的に標準正規分布に従う．

$$P(\overline{X} < 23.0) = P\left(Z < \dfrac{23.0 - 23.4}{\sqrt{4.35/100}}\right)$$

$$\fallingdotseq P(Z < -1.92) = 1 - 0.9726 = 0.0274 \quad //$$

問8　例題 1 において，標本の大きさが 50 のとき，$\overline{X}$ が 23.0 より小さくなる確率を求めよ．

## 2・4 いろいろな確率分布

正規分布から導かれるいくつかの確率分布を説明しよう．

▶ $\chi^2$（カイ2乗）分布

$n$ 個の確率変数 $X_1, X_2, \cdots, X_n$ が互いに独立で，いずれも標準正規分布 $N(0, 1)$ に従うとき

$$X = X_1^2 + X_2^2 + \cdots + X_n^2$$

は，**自由度 $n$ の $\chi^2$ 分布** といわれる分布に従う．

$n = 1, 2, 3, 4, 5$ について，自由度 $n$ の $\chi^2$ 分布の確率密度関数 $f(x)$ のグラフをかくと，下の図のようになる．また，巻末の $\chi^2$ 分布表は，確率変数 $X$ がいろいろな自由度の $\chi^2$ 分布に従うとき，よく用いられる確率の値 $\alpha$ について

$$P(X \geqq k) = \alpha$$

を満たす $k$ の値を示したものである．自由度が $n$ の場合，この $k$ の値を $\chi_n^2(\alpha)$ と書き，**$\chi^2$ 分布の上側 $\alpha$ 点**，または **$\alpha$ 点** という．

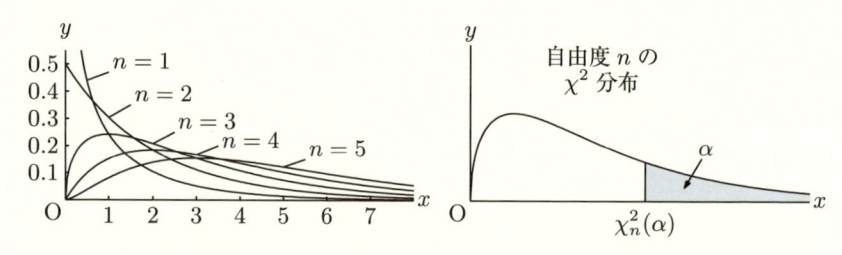

**例 5** $\chi^2$ 分布表から　　$\chi_{28}^2(0.95) = 16.928$, $\chi_7^2(0.025) = 16.013$

**問 9** 次の値を求めよ．

(1) $\chi_{17}^2(0.975)$ 　　(2) $\chi_{17}^2(0.025)$ 　　(3) $\chi_4^2(0.01)$

正規母集団 $N(\mu, \sigma^2)$ から，大きさ $n$ の無作為標本 $X_1, X_2, \cdots, X_n$ を抽出し，標本平均を $\overline{X}$，不偏分散を $U^2$ とする．

各 $X_i$ について，$X_i$ を標準化した確率変数 $\dfrac{X_i - \mu}{\sigma}$ は $N(0, 1)$ に従うから，$\displaystyle\sum_{i=1}^{n}\left(\dfrac{X_i - \mu}{\sigma}\right)^2$ は自由度 $n$ の $\chi^2$ 分布に従う．

また，次のことが知られている．

---- $\chi^2$ 分布に従う統計量 ----

正規母集団 $N(\mu, \sigma^2)$ から抽出した無作為標本 $X_1, X_2, \cdots, X_n$ の標本平均を $\overline{X}$，不偏分散を $U^2$ とするとき
$$\sum_{i=1}^{n}\left(\dfrac{X_i - \overline{X}}{\sigma}\right)^2 = \dfrac{(n-1)U^2}{\sigma^2}$$
は自由度 $n-1$ の $\chi^2$ 分布に従う．

---

**問 10** 正規母集団 $N(\mu, 25)$ から抽出した大きさ 20 の無作為標本の不偏分散 $U^2$ について，$P(U^2 \geqq k) = 0.05$ となる定数 $k$ の値を求めよ．

▶ **$t$ 分布**

確率変数 $Z$ が標準正規分布 $N(0, 1)$ に従い，確率変数 $X$ が自由度 $n$ の $\chi^2$ 分布に従い，しかも $Z, X$ が互いに独立であるとき
$$T = \dfrac{Z}{\sqrt{X/n}}$$
は，**自由度 $n$ の $t$ 分布**といわれる分布に従う．

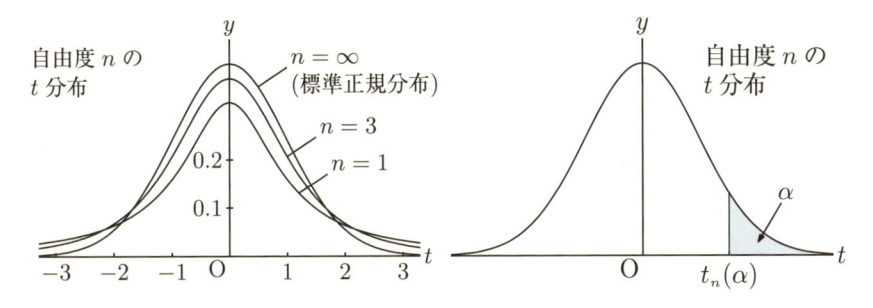

$t$ 分布の確率密度関数 $f(t)$ のグラフは，図のように縦軸に関して対称な曲線である．$t$ 分布は，自由度 $n$ が大きくなると標準正規分布に近づく．

巻末の $t$ 分布表は，確率変数 $T$ がいろいろな自由度の $t$ 分布に従うとき，よく用いられる確率の値 $\alpha$ について

$$P(T \geq k) = \alpha$$

を満たす $k$ の値を示したものである．自由度が $n$ のときの $k$ の値を $\bm{t_n(\alpha)}$ と書き，**$t$ 分布の上側 $\alpha$ 点**，または **$\alpha$ 点**という．

**問 11** $t$ 分布表から次の値を求めよ．

(1) $t_8(0.10)$ (2) $t_{20}(0.05)$ (3) $t_5(0.01)$

**問 12** $T, Z$ がそれぞれ自由度 5 の $t$ 分布，標準正規分布に従うとき

$$P(T \geq t_0) = 0.05, \ P(Z \geq z_0) = 0.05$$

を満たす $t_0, z_0$ を求めよ．

母集団が正規母集団 $N(\mu, \sigma^2)$ の場合，85 ページに述べたことより $\overline{X}$ を標準化した $\dfrac{\overline{X} - \mu}{\sqrt{\sigma^2/n}}$ は $N(0, 1)$ に従い，87 ページの性質より $\dfrac{(n-1)U^2}{\sigma^2}$ は自由度 $n-1$ の $\chi^2$ 分布に従う．また，$\dfrac{\overline{X} - \mu}{\sqrt{\sigma^2/n}}$ と $\dfrac{(n-1)U^2}{\sigma^2}$ は互いに独立であることが知られている．したがって

$$\dfrac{\overline{X} - \mu}{\sqrt{\sigma^2/n}} \bigg/ \sqrt{\dfrac{(n-1)U^2}{(n-1)\sigma^2}} = \dfrac{\overline{X} - \mu}{\sqrt{U^2/n}}$$

は自由度 $n-1$ の $t$ 分布に従う．

---- **$t$ 分布に従う統計量** ----

正規母集団 $N(\mu, \sigma^2)$ から抽出した大きさ $n$ の無作為標本の標本平均を $\overline{X}$，不偏分散を $U^2$ とするとき，$\dfrac{\overline{X} - \mu}{\sqrt{U^2/n}}$ は自由度 $n-1$ の $t$ 分布に従う．

▶ **$F$ 分布**

確率変数 $X_1, X_2$ が互いに独立で，それぞれ自由度 $m, n$ の $\chi^2$ 分布に従うとき

$$X = \frac{X_1}{m} \Big/ \frac{X_2}{n}$$

は，**自由度 $(m, n)$ の $F$ 分布**といわれる確率分布に従う．

巻末の $F$ 分布表は，確率変数 $X$ がいろいろな自由度の $F$ 分布に従うとき，$\alpha = 0.05, 0.025$ に対して

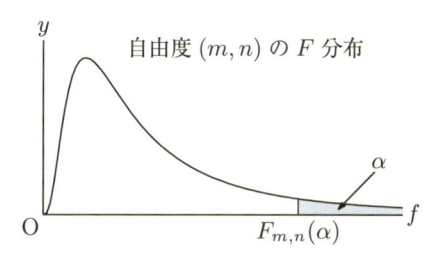

$$P(X \geqq k) = \alpha$$

を満たす $k$ の値を示したものである．自由度が $(m, n)$ のときの $k$ の値を $F_{m,n}(\alpha)$ と書き，**$F$ 分布の上側 $\alpha$ 点**，または **$\alpha$ 点**という．

問 13  $F$ 分布表から次の値を求めよ．

(1)  $F_{8,6}(0.05)$      (2)  $F_{20,12}(0.025)$

2つの正規母集団 $N(\mu_1, \sigma_1{}^2), N(\mu_2, \sigma_2{}^2)$ から，大きさがそれぞれ $n_1, n_2$ の無作為標本を独立に抽出し，その不偏分散をそれぞれ $U_1{}^2, U_2{}^2$ とおく．このとき，87 ページの性質より，$\dfrac{(n_1-1)U_1{}^2}{\sigma_1{}^2}, \dfrac{(n_2-1)U_2{}^2}{\sigma_2{}^2}$ はそれぞれ自由度 $n_1-1, n_2-1$ の $\chi^2$ 分布に従うから，統計量

$$F = \frac{(n_1-1)U_1{}^2}{(n_1-1)\sigma_1{}^2} \Big/ \frac{(n_2-1)U_2{}^2}{(n_2-1)\sigma_2{}^2} = \frac{U_1{}^2}{\sigma_1{}^2} \Big/ \frac{U_2{}^2}{\sigma_2{}^2}$$

は自由度 $(n_1-1, n_2-1)$ の $F$ 分布に従う．

特に，$\sigma_1{}^2 = \sigma_2{}^2$ とすると

$$F = \frac{U_1{}^2}{U_2{}^2}$$

したがって，次のことが成り立つ．

―― $F$ 分布に従う統計量 ――

2つの正規母集団 $N(\mu_1, \sigma^2)$, $N(\mu_2, \sigma^2)$ から独立に抽出した大きさが $n_1$, $n_2$ の無作為標本の不偏分散をそれぞれ $U_1{}^2$, $U_2{}^2$ とするとき, $\dfrac{U_1{}^2}{U_2{}^2}$ は自由度 $(n_1 - 1,\ n_2 - 1)$ の $F$ 分布に従う.

> コラム　**正規分布と正規 QQ プロット**

　得られたデータが正規分布に従うかどうかを視覚的に調べる方法として，正規 QQ プロットがある．これは，各データの値 $x_i$ について，$x_i$ 以下の確率（累積確率）$\alpha_i$ を計算し，正規分布表（逆分布関数）などにより
$$P(Z \leqq z_i) = \alpha_i$$
となる $z_i$ を求めて，縦軸を $x_i$，横軸に $z_i$ をとって描いた散布図である．正規分布に近ければ，点 $(z_i, x_i)$ は直線的に分布することになる．

　累積確率を求めるには，まず，データを小さい順に並べて
$$x_1, x_2, \cdots, x_i, \cdots, x_N$$
とする．このとき，累積相対度数を累積確率と見なせば，$x_i$ 以下の累積確率 $\alpha_i$ は $\dfrac{i}{N}$ となるが，端点や対称性を考慮して，次のような補正を施す．
$$\alpha_i = \frac{i - 0.5}{N}$$
　たとえば，右上図の確率密度関数をもつ母集団から得た 100 個のデータの正規 QQ プロットは右図のようになる．直線的ではなく，したがって正規分布でないことがわかる．

　一方，同じ母集団から大きさ $n = 50$ の無作為標本を抽出して，標本平均を求めることを 100 回行ったときの正規 QQ プロットは右図のようになり，$n$ を大きくすると正規分布に近づくこと，すなわち中心極限定理が見られる．

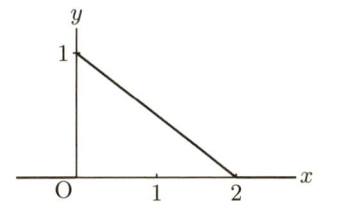

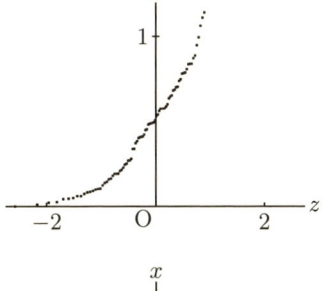

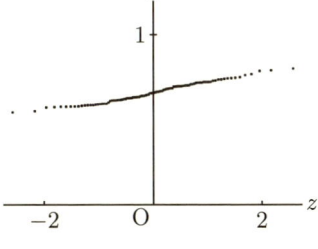

## 練習問題 2-A

1. 確率変数 $Z$, $T$ がそれぞれ標準正規分布，自由度 15 の $t$ 分布に従うとき，次の問いに答えよ．
   (1) $P(Z \geqq 1.85)$, $P(|Z| \geqq 1.85)$ を求めよ．
   (2) $P(|Z| \geqq z) = 0.05$ となる $z$ を求めよ．
   (3) $P(|T| \geqq t) = 0.05$ となる $t$ を求めよ．

2. ある工場で生産している電球の寿命は，平均 3000 時間，分散 $50^2$ の正規分布に従っているという．電球 20 個を無作為に抽出したとき，標本の平均寿命が 2980 時間を超える確率を求めよ．

3. 分散が 3 の正規母集団から，大きさが 10 の無作為標本を抽出することを繰り返すとき，不偏分散 $U^2$ が 0.9 以上になる確率を求めよ．

4. 平均が 0 の正規母集団から，大きさが 12 の無作為標本を抽出することを繰り返すとき，$P\left(\dfrac{\overline{X}}{\sqrt{U^2}} \geqq x\right) = 0.01$ となる $x$ の値を求めよ．

5. 分散が同じ 2 つの正規母集団から独立に抽出した大きさ 8, 10 の無作為標本の不偏分散をそれぞれ $U_1{}^2$, $U_2{}^2$ とするとき，$P\left(\dfrac{U_1{}^2}{U_2{}^2} \geqq x\right) = 0.05$ となる $x$ の値を求めよ．

## 練習問題 2-B

1. 確率変数 $X$, $Y$ が互いに独立で，それぞれ正規分布 $N(8, 1)$, $N(7, 1)$ に従うとき，$P(2X \geqq 3Y)$ を求めよ．

2. ある工作ロボットは鉄板の中央に穴をあけて製品を作るが，中心からのずれが $x$ 方向，$y$ 方向のどちらかでも $2\,\mathrm{mm}$ を超えると，その製品は廃棄される．また，穴をあけるときの $x$, $y$ 方向のずれは互いに独立で，それぞれ正規分布 $N(0, 0.9^2)$, $N(0, 1.1^2)$ に従うとする．このロボットが 1000 個の製品を作ったとき，およそ何個が廃棄されるか．

3. 天びんで重さ $100\,\mathrm{g}$ の物体を測定するとき，1回ごとの測定に生じる誤差 $W$ は，平均 $0\,\mathrm{g}$，分散 $0.1\,\mathrm{g}^2$ の正規分布 $N(0, 0.1)$ に従うとする．
   (1) 確率変数 $X = 100 + W$ はどのような分布に従うか．
   (2) 測定を 10 回繰り返すとき，10 回の測定値 $X_1$, $X_2$, $\cdots$, $X_{10}$ の平均 $\overline{X} = \dfrac{1}{10}\sum_{i=1}^{10} X_i$ の分布を求めよ．
   (3) 測定を何回か繰り返すときの測定値の平均を $\overline{X}$ とするとき，$\left|\overline{X} - 100\right| < 0.1$ となる確率を 0.95 以上とするためには，少なくとも何回測定を繰り返せばよいか．

# 4章 推定と検定

## §1 母数の推定

### 1·1 点推定

母平均 $\mu$ が未知である母集団から,大きさ 10 の無作為標本を抽出したところ,次のようになった.

$$62.3 \quad 71.8 \quad 48.4 \quad 33.4 \quad 42.0 \quad 77.0 \quad 61.7 \quad 37.2 \quad 45.8 \quad 45.4 \tag{1}$$

このとき,母平均 $\mu$ の値を推定する方法について考えよう.

一般に,大きさ $n$ の無作為標本を確率変数 $X_1, X_2, \cdots, X_n$ とするとき,実際に観測された値を**実現値**といい,$x_1, x_2, \cdots, x_n$ のように小文字で表す.(1) は,無作為抽出された大きさ 10 の標本から定まる確率変数 $X_1, X_2, \cdots, X_{10}$ の実現値と考えることができる.また

$$\overline{x} = \frac{x_1 + x_2 + \cdots + x_{10}}{10} = 52.5$$

は,標本平均 $\overline{X}$ の実現値である.

84 ページの標本平均の平均と分散の公式より

$$E[\overline{X}] = \mu \tag{2}$$

$$V[\overline{X}] = \frac{\sigma^2}{n} \quad (\sigma^2 \text{ は母分散}) \tag{3}$$

が成り立つ．すなわち，標本平均 $\overline{X}$ は確率変数であり，いろいろな値をとり得るが，(2) より，それらすべての平均は母平均 $\mu$ と一致し，また，(3) より，$\mu$ のまわりに多く分布することがわかる．したがって，母平均 $\mu$ を推定するには，標本平均の実現値 $\overline{x}$ を用いるのが自然である．

このように，母数を1つの値で推定することを**点推定**という．また，母平均 $\mu$ を標本平均 $\overline{X}$ で推定するとき，確率変数である標本平均 $\overline{X}$ を母平均 $\mu$ の**推定量**といい，その実現値 $\overline{x}$ を母平均 $\mu$ の**推定値**という．

**例1** 94 ページの (1) において，母平均 $\mu$ の推定値は $\overline{x} = 52.5$ である．

**問1** ある住宅団地に住む家庭全体の月間水道水使用量 ($\mathrm{m}^3/$月) の母平均 $\mu$ を調べるために，無作為に 10 戸を抽出し，次の標本が得られた．これから母平均 $\mu$ の推定値を求めよ．

$\quad$ 5.52 $\quad$ 25.48 $\quad$ 22.97 $\quad$ 29.87 $\quad$ 8.20 $\quad$ 24.73 $\quad$ 21.80 $\quad$ 36.36 $\quad$ 11.09 $\quad$ 10.81

(3) あるいは 84 ページの大数の法則より，標本の大きさ $n$ を大きくすると，標本平均 $\overline{X}$ が母平均 $\mu$ の近くにある確率は 1 に近づく．このような性質を**一致性**といい，一致性をもつ推定量を**一致推定量**という．標本平均 $\overline{X}$ は，母平均 $\mu$ の一致推定量である．

また，一般に，母数 $\theta$ の推定量 $T$ について

$$E[T] = \theta \qquad (4)$$

が成り立つとき，推定量 $T$ を $\theta$ の**不偏推定量**という．たとえば，(2) より，標本平均は母平均の不偏推定量である．

これに対して，母分散 $\sigma^2$ については，標本分散

$$S^2 = \frac{1}{n} \sum_{i=1}^{n} (X_i - \overline{X})^2$$

は不偏推定量ではなく，不偏分散

$$U^2 = \frac{1}{n-1} \sum_{i=1}^{n} (X_i - \overline{X})^2 = \frac{n}{n-1} S^2$$

が $\sigma^2$ の不偏推定量になる．すなわち，次の等式が成り立つ．

$$E[U^2] = \sigma^2$$

実際，統計ソフトの乱数を利用して，母分散 100 の母集団から 10 個の標本を抽出することを 1000 回繰り返したとき，標本分散と不偏分散のヒストグラムと平均は次のようになり，不偏分散の平均 100.27 の方が母分散 100 により近いことが見られる．

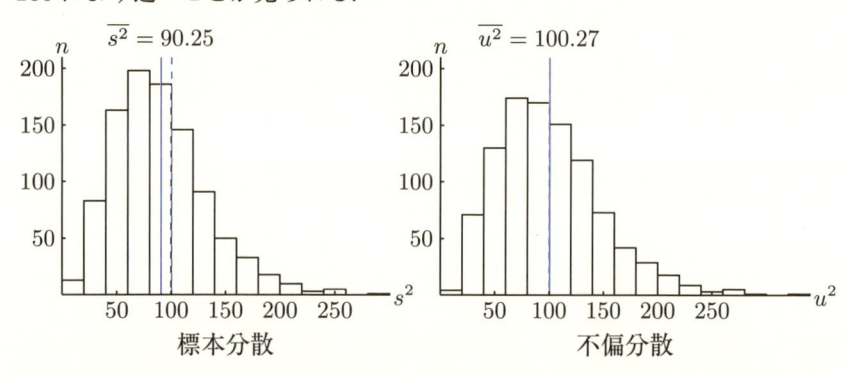

$\overline{s^2} = 90.25$　　　　　$\overline{u^2} = 100.27$

標本分散　　　　　　　不偏分散

このことから，通常は不偏分散 $U^2$ を母分散 $\sigma^2$ の推定量として用い，不偏分散の実現値 $u^2$ を推定値とする．

**例 2**　94 ページの (1) では　　$s^2 = 197.47$, $u^2 = 219.41$

母分散の推定値は 219.41 である．

**問 2**　ある材料 10 個の直径を測定したところ，次の値が得られた．このとき，母分散 $\sigma^2$ の推定値 $u^2$ を求めよ．(単位 cm)

|  |  |  |  |  |
|---|---|---|---|---|
| 3.055 | 3.012 | 3.045 | 3.033 | 3.070 |
| 3.038 | 3.052 | 3.044 | 3.072 | 3.005 |

1 つの母数に対して，2 つの不偏推定量があったとき，分散のより小さい推定量を，より**有効**であるという．母集団分布が正規分布 $N(\mu, \sigma^2)$ である場合は，標本平均 $\overline{X}$ は不偏推定量の中で最小の分散をもつ $\mu$ の推定量であることが知られている．

## 1・2 母平均の区間推定 (1)

点推定では，推定値は抽出された標本ごとに値が変化するから，母数に完全に一致することはまずない．そこで，1つの推定値を求めるのではなく，未知の母数の値がある確からしさで入る区間を推定する方法がある．これを**区間推定**という．また，標本から得られる区間を**信頼区間**といい，はじめに与えられる確からしさを**信頼係数**という．

94ページの (1) を用いて，母平均の信頼区間を求める区間推定の考え方を説明しよう．

まず，過去のデータからみて，母集団が正規分布 $N(\mu, 14.6^2)$ に従うと考えられるとする．すなわち，母分散は既知で母平均のみが未知とする．

このとき，84ページの正規母集団の標本分布の性質より，標本平均 $\overline{X}$ は $N(\mu, 14.6^2/10)$ に従うから，標準化した確率変数

$$Z = \frac{\overline{X} - \mu}{\sqrt{14.6^2/10}}$$

は標準正規分布 $N(0,1)$ に従う．

信頼係数を 95 % (0.95) として

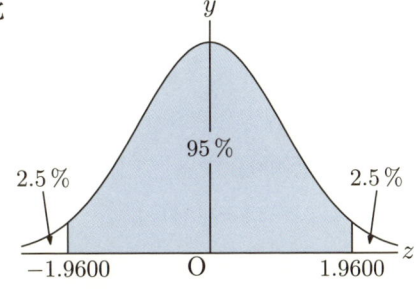

$$P(-z \leqq Z \leqq z) = 0.95$$

となる $z$ を求める．それには，巻末の正規分布表（逆分布関数）を用いて，$\alpha = 97.5\%$ (0.975) に対応する点として $z = 1.9600$ が得られるから

$$P(-1.9600 \leqq Z \leqq 1.9600) = 0.95$$

となる．これから，$\overline{X}$ について次の等式が成り立つ．

$$P\left(-1.9600 \leqq \frac{\overline{X} - \mu}{\sqrt{14.6^2/10}} \leqq 1.9600\right) = 0.95 \qquad (1)$$

(1) の左辺の括弧内の不等式を変形すると

$$-1.9600\sqrt{\frac{14.6^2}{10}} \leqq \overline{X} - \mu \leqq 1.9600\sqrt{\frac{14.6^2}{10}}$$

したがって

$$\overline{X} - 1.9600\sqrt{\frac{14.6^2}{10}} \leqq \mu \leqq \overline{X} + 1.9600\sqrt{\frac{14.6^2}{10}} \qquad (2)$$

となる確率が 95％ である．すなわち，標本ごとに標本平均 $\overline{X}$ の実現値が変わり，$\overline{x}$ の値を (2) に代入すると，いろいろな区間ができるが，それらの区間の 95％ は母平均 $\mu$ を含んでいるといってよい．

この例では，$\overline{X}$ の実現値は $\overline{x} = 52.5$ であったから，(2) に代入すると

$$43.45 \leqq \mu \leqq 61.55 \qquad (3)$$

が得られる．(3) を $\mu$ の **95％ 信頼区間** といい，区間の端点を与える 43.45 と 61.55 を **信頼限界** という．信頼係数については，目的に応じて適当な値を選べばよいが，95％ または 99％ を用いることが多い．

$0 < \alpha < 1$ である値 $\alpha$ と標準正規分布に従う確率変数 $Z$ について

$$P(Z \geqq z_\alpha) = \alpha$$

となる $z_\alpha$ を標準正規分布の **上側 $\alpha$ 点** という．

**例3** $z_{0.025} = 1.9600 \fallingdotseq 1.960$

上側 0.025 点（上側 2.5％ 点）

$z_{0.005} = 2.5758 \fallingdotseq 2.576$

上側 0.005 点（上側 0.5％ 点）

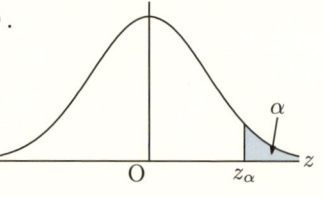

信頼区間 (3) と同様にして，次の公式が得られる．

---
**母平均の区間推定（母分散が既知の場合）**

正規母集団 $N(\mu, \sigma^2)$ から大きさ $n$ の無作為標本の標本平均の実現値を $\overline{x}$ とすると，母平均 $\mu$ の信頼係数 $1 - \alpha$ の信頼区間は

$$\overline{x} - z_{\alpha/2}\sqrt{\frac{\sigma^2}{n}} \leqq \mu \leqq \overline{x} + z_{\alpha/2}\sqrt{\frac{\sigma^2}{n}} \qquad (4)$$

---

**問3** 正規母集団 $N(\mu, 12^2)$ から無作為抽出した大きさ 40 の標本の平均値が 65 であった．$\mu$ の 95％ 信頼区間および 99％ 信頼区間を求めよ．

## 1・3 母平均の区間推定 (2)

　正規母集団 $N(\mu,\ \sigma^2)$ の母平均 $\mu$ を推定するとき，98 ページの (4) では母分散の値 $\sigma^2$ を既知としたが，実際は未知であることが多い．この場合は，88 ページの公式より

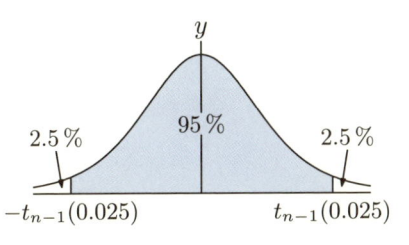

$$T = \frac{\overline{X} - \mu}{\sqrt{U^2/n}} \quad (U^2\text{は不偏分散})$$

は自由度 $n-1$ の $t$ 分布に従うから，信頼係数を 95 % とすると

$$P\Big(-t_{n-1}(0.025) \leqq \frac{\overline{X} - \mu}{\sqrt{U^2/n}} \leqq t_{n-1}(0.025)\Big) = 0.95$$

ただし，$t_{n-1}(0.025)$ は $t$ 分布の上側 2.5 % 点である．(88 ページ参照)

　左辺の括弧内の不等式を変形すると

$$\overline{X} - t_{n-1}(0.025)\sqrt{\frac{U^2}{n}} \leqq \mu \leqq \overline{X} + t_{n-1}(0.025)\sqrt{\frac{U^2}{n}}$$

$\overline{X}$ と $U^2$ に実現値 $\overline{x}$ と $u^2$ を代入して，$\mu$ の 95 % の信頼区間が得られる．

**例 4**　94 ページの (1) では　$\overline{x} = 52.5,\ u^2 = 219.41,\ t_9(0.025) = 2.262$

95 % 信頼区間は　$52.5 - 2.262\sqrt{\dfrac{219.41}{10}} \leqq \mu \leqq 52.5 + 2.262\sqrt{\dfrac{219.41}{10}}$

$\therefore\ \ 41.90 \leqq \mu \leqq 63.10$

一般に，次の公式が成り立つ．

---
**母平均の区間推定（母分散が未知の場合）**

　母分散 $\sigma^2$ が未知である正規母集団 $N(\mu,\ \sigma^2)$ からの大きさ $n$ の無作為標本の標本平均と不偏分散の実現値をそれぞれ $\overline{x},\ u^2$ とすると，母平均 $\mu$ の信頼係数 $1-\alpha$ の信頼区間は

$$\overline{x} - t_{n-1}(\alpha/2)\sqrt{\frac{u^2}{n}} \leqq \mu \leqq \overline{x} + t_{n-1}(\alpha/2)\sqrt{\frac{u^2}{n}} \tag{1}$$

## 例題 1
ある会社の製品であるベアリング 7 個の直径 (単位 mm) を測定し,平均 $\bar{x}$ と不偏分散 $u^2$ を求めたところ,$\bar{x} = 11.12$, $u^2 = 7.527$ であった.この会社製のベアリングの直径は正規分布 $N(\mu, \sigma^2)$ に従うとして,$\mu$ の 95 % 信頼区間を求めよ.

**解** $t$ 分布表から $t_6(0.025) = 2.447$

95 % 信頼区間は $11.12 - 2.447\sqrt{\dfrac{7.527}{7}} \leqq \mu \leqq 11.12 + 2.447\sqrt{\dfrac{7.527}{7}}$

∴ $8.58 \leqq \mu \leqq 13.66$ //

**問 4** 次の値は,ある複合肥料 5 袋の重量 (単位 kg) を測定した値である.

25.13　　25.32　　25.06　　24.98　　25.18

$N(\mu, \sigma^2)$ からの無作為標本とみて,母平均の 95 % 信頼区間を求めよ.

母集団分布が未知でも,標本の大きさ $n$ が大きい場合は,母分散 $\sigma^2$ を不偏分散の実現値 $u^2$ で代用して 98 ページの公式を用いてもよい.

## 例題 2
ある学校の生徒 50 人を無作為に選び,1 週間あたりのテレビ視聴時間 (単位 時間) を聞いたところ,50 人の平均 $\bar{x}$ は 18.2,不偏分散 $u^2$ は 30.25 であった.母平均 $\mu$ の 95% 信頼区間を求めよ.

**解** 標本の大きさ $n = 50$ は十分に大きいと考えると

$$18.2 - 1.960\sqrt{\dfrac{30.25}{50}} \leqq \mu \leqq 18.2 + 1.960\sqrt{\dfrac{30.25}{50}}$$

∴ $16.7 \leqq \mu \leqq 19.7$ //

**問 5** ある年度の学校保健統計調査によると,全国約 20000 人の 17 歳女子の身長 (単位 cm) の平均は 157.9,不偏分散は $5.35^2$ であった.このデータを正規母集団からの無作為標本の実現値とみなして,17 歳女子の身長の母平均 $\mu$ の 95 % 信頼区間を求めよ.

### 1・4  母分散の区間推定

正規母集団 $N(\mu, \sigma^2)$ からの大きさ $n$ の無作為標本について，87 ページの公式より，$\dfrac{(n-1)U^2}{\sigma^2}$ は自由度 $n-1$ の $\chi^2$ 分布に従うから，信頼係数を $1-\alpha$ とすると

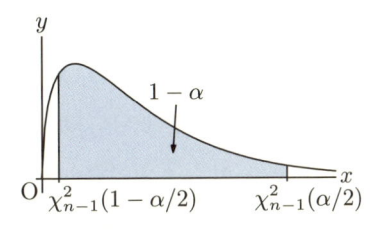

$$P\left(\chi^2_{n-1}(1-\alpha/2) \leqq \dfrac{(n-1)U^2}{\sigma^2} \leqq \chi^2_{n-1}(\alpha/2)\right) = 1-\alpha$$

ただし，$\chi^2_{n-1}(1-\alpha/2)$，$\chi^2_{n-1}(\alpha/2)$ は $\chi^2$ 分布のそれぞれ上側 $1-\alpha/2$ 点，上側 $\alpha/2$ 点である．左辺の括弧内の不等式を変形して次の公式が得られる．

---
**母分散の区間推定**

正規母集団 $N(\mu, \sigma^2)$ からの大きさ $n$ の無作為標本の不偏分散の実現値を $u^2$ とすると，母分散 $\sigma^2$ の $1-\alpha$ 信頼区間は

$$\dfrac{(n-1)u^2}{\chi^2_{n-1}(\alpha/2)} \leqq \sigma^2 \leqq \dfrac{(n-1)u^2}{\chi^2_{n-1}(1-\alpha/2)} \tag{1}$$

---

**例題 3**  ある溶液の pH を 8 回測定したところ，次の値を得た．

  7.86  7.90  7.81  7.94  7.84  7.92  7.91  7.93

測定値全体は正規母集団として，母分散 $\sigma^2$ の 95 % 信頼区間を求めよ．

**解**  巻末の $\chi^2$ 分布表より  $\chi^2_7(0.975) = 1.690$, $\chi^2_7(0.025) = 16.013$
$u^2 = 0.002184$ より，$\sigma^2$ の 95 % 信頼区間は

$$\dfrac{7 \times 0.002184}{16.013} \leqq \sigma^2 \leqq \dfrac{7 \times 0.002184}{1.690} \quad \therefore \quad 0.00095 \leqq \sigma^2 \leqq 0.0090 \quad //$$

**問 6**  ある正規母集団から大きさ 10 の標本を無作為抽出したところ，不偏分散は $u^2 = 3.491$ であった．母分散 $\sigma^2$ の 95 % 信頼区間および 99 % 信頼区間を求めよ．

## 1・5 母比率の区間推定

ある政策について賛成か反対かを全国の有権者にたずねる場合のように，各要素が特定の性質を持つか持たないかのいずれかであるような母集団を**二項母集団**という．二項母集団において，その性質を持つとき $X=1$，持たないとき $X=0$ を対応させると，$X$ は確率変数になる．また，$X=1$ となる要素の全体に対する割合を**母比率**という．母比率が $p$ の二項母集団の母集団分布は次のように表すことができる．

$$P(X=1)=p, \ P(X=0)=q=1-p$$

母比率が $p$ の二項母集団から抽出した無作為標本を $X_1, X_2, \cdots, X_n$ とすると，$X_1+X_2+\cdots+X_n$ は二項分布 $B(n, p)$ に従い，特定の性質を持つ要素の個数を表している．したがって，平均

$$\overline{X}=\frac{X_1+X_2+\cdots+X_n}{n}$$

は，その性質を持つ要素の比率を示している．そこで，これを**標本比率**といい，$\widehat{P}$ で表す．

$B(n, p)$ についての平均と分散はそれぞれ $np$, $npq$ だから，$\widehat{P}$ の平均，分散は次のようになる．

$$E[\widehat{P}]=\frac{np}{n}=p, \ V[\widehat{P}]=\frac{npq}{n^2}=\frac{pq}{n} \quad (ただし \ q=1-p)$$

また，$n$ が大きければ，85 ページの中心極限定理より

$$Z=\frac{\widehat{P}-p}{\sqrt{pq/n}} \tag{1}$$

は近似的に標準正規分布 $N(0, 1)$ に従う．

**問7** ある新聞社の世論調査で，全国の有権者から大きさ 2500 の無作為標本をとり，内閣の支持率を調べた．母集団における内閣の支持率を 0.4 と仮定した場合，この調査における標本支持率 $\widehat{P}$ の平均と標準偏差を求めよ．また，$\widehat{P} \geqq 0.42$ となる確率を求めよ．

(1) を用いて，標本比率の実現値から母比率の信頼区間を求める方法を説明しよう．

信頼係数を 95％ とすると
$$P\left(-1.960 \leq \frac{\widehat{P}-p}{\sqrt{pq/n}} \leq 1.960\right) = 0.95$$
左辺の括弧内の不等式を変形すると
$$\widehat{P} - 1.960\sqrt{\frac{p(1-p)}{n}} \leq p \leq \widehat{P} + 1.960\sqrt{\frac{p(1-p)}{n}}$$
となる．この不等式を $p$ について解いて，$p$ の 95％ 信頼区間とすればよいが，この計算は複雑になるため，通常は，この不等式の両辺にある $p$ をその一致推定値 $\widehat{p}$ で置き換える方法がとられる．さらに $\widehat{P}$ にもその実現値 $\widehat{p}$ を代入したものが，95％ 信頼区間となる．

同様にして，次の公式が得られる．

── 母比率の区間推定 ──

二項母集団からの大きさ $n$ の無作為標本から計算される標本比率の実現値を $\widehat{p}$ とすると，母比率 $p$ の $1-\alpha$ 信頼区間は，$n$ が大きいとき
$$\widehat{p} - z_{\alpha/2}\sqrt{\frac{\widehat{p}(1-\widehat{p})}{n}} \leq p \leq \widehat{p} + z_{\alpha/2}\sqrt{\frac{\widehat{p}(1-\widehat{p})}{n}}$$

**例題 4** A市で，あるテレビ番組の視聴率を調べるために，成人 500 人を無作為抽出し調査したところ，45 人が見ていることがわかった．A市におけるこの番組の成人の視聴率の 95％ 信頼区間を求めよ．

**解** $\widehat{p} = 45/500 = 0.09$ より，上の公式を用いて信頼区間を求めると
$$0.09 - 1.960\sqrt{\frac{0.09 \times 0.91}{500}} \leq p \leq 0.09 + 1.960\sqrt{\frac{0.09 \times 0.91}{500}}$$
$$\therefore \quad 0.065 \leq p \leq 0.115 \qquad \text{//}$$

**問8** あるネジの製造工場で製造方法を改めた．新しい方法で製造したネジの山から 1000 個を無作為抽出して調べたところ，規格外れの不良品が 35 個あった．新しい方法で製造したネジの不良率の 95％ 信頼区間を求めよ．

**例題5** ある都市で，有権者の内閣支持率 $p$ を調べるのに標本調査を行うことになった．信頼区間の幅が 0.04 以内になるように，信頼係数 95％ で $p$ の区間推定をしたい，抽出する有権者の数を何名以上にすればよいか．

**解** 抽出する人数を $n$ 名とする．103 ページの公式より，区間幅は

$$2 \times 1.960 \sqrt{\frac{\widehat{p}(1-\widehat{p})}{n}}$$

ここで

$$\widehat{p}(1-\widehat{p}) = \frac{1}{4} - (\widehat{p} - \frac{1}{2})^2 \leqq \frac{1}{4}$$

となるから，次の不等式が成り立つように $n$ を定めればいい．

$$2 \times 1.960 \sqrt{\frac{1}{4n}} \leqq 0.04$$

両辺を 2 乗して $n$ について解くと

$$n \geqq \left(\frac{1.960}{0.04}\right)^2 = 2401$$

したがって，2401 人以上を抽出すればよい． //

**問9** 上の例題 5 の場合に，信頼区間の幅が 0.1 以内になるように，信頼係数 95％ で $p$ の区間推定をしたい場合には，何名以上の有権者を抽出したらよいか．

## 練習問題 1-A

1. ある会社で，自社製の製品 A の耐用時間の母平均を調べるため，この製品から 10 個を抽出して耐用時間を測定したところ，次の結果を得た．（単位 時間）

    1218  1294  1181  1072  1314
    1183  1259  1268  1095  1068

    製品 A の耐用時間は正規分布に従うとみて，耐用時間の母平均の 95％ 信頼区間を求めよ．

2. ある電気器具の部品 1 つのロットの中から 8 個を抽出し，電気抵抗を測定したところ，次の値を得た．（単位 オーム）

    5.08  5.12  5.10  5.12  5.08  5.10  5.08  5.14

    この部品の電気抵抗は正規分布に従うとみて，このロットの電気抵抗の平均，分散の 95％ 信頼区間を求めよ．

3. 全国一斉にある教科のテストが行われた．受験生から 100 名を抽出し，その得点の標本平均と不偏分散を求めたところ，それぞれ 58.3, $12.4^2$ であった．全受験生の得点の平均の 95％ 信頼区間を求めよ．

4. A 社では，毎日製品 B を大量に製造している．ある日製造した製品 B の中から 400 個を抽出して調べたところ，8 個の不良品を発見した．この日製造した製品 B 全体に含まれる不良品の比率（不良率）の 95％ 信頼区間を求めよ．

5. ある工場で製造されている電子機器の耐用時間は正規分布に従い，標準偏差は 120 時間とされている．標本調査により耐用時間の平均の 99％ 信頼区間を求めたい．この信頼区間の幅を 40 時間以内にするのには，この製品を少なくとも何個抽出したらよいか．

## 練習問題 1-B

1. $X, Y$ を母平均 $\mu(\neq 0)$, 母分散 $\sigma^2$ の母集団から独立に抽出した標本とする. このとき, 次の問いに答えよ.

   (1) $\alpha X + \beta Y$ が $\mu$ の不偏推定量であるためには, 定数 $\alpha, \beta$ の間にどのような関係がなければならないか.

   (2) $\alpha X + \beta Y$ の形の式で表される $\mu$ の不偏推定量のうち, 分散を最小にするものを求めよ.

2. 正規母集団 $N(\mu, \sigma^2)$ から大きさ $n$ の標本を無作為抽出し, その標本平均を $\overline{X}$, 実現値を $\overline{x}$ とすると, $Z = \dfrac{\overline{X} - \mu}{\sqrt{\sigma^2/n}}$ は, 標準正規分布 $N(0, 1)$ に従う.

$$P(a \leqq Z \leqq b) = 0.95$$

   となる $a, b$ について, 以下の問いに答えよ.

   (1) $a \leqq -1.6449$ となることを証明せよ.

   (2) $\overline{x} - b\sqrt{\dfrac{\sigma^2}{n}} \leqq \mu \leqq \overline{x} - a\sqrt{\dfrac{\sigma^2}{n}}$ も $\mu$ の 95％ 信頼区間と考えることができることを証明せよ.

   (3) $b$ を $a$ の関数と考えて, $\dfrac{db}{da}$ を $a$ と $b$ で表せ.

   (4) (2) の区間の幅を最小にするときの $a, b$ を求めよ.

# §2 統計的検定

## 2·1 仮説と検定

2体のロボット A, B がある対抗型ゲームを何回か行う．ただし，各回のゲームでは，引き分けはなく，A, B の勝つ確率は変わらないものとする．これまでの実績から，A の方が強いと見られていたが，B もいくつかの改良を加えることにより，A と互角の強さになったともいわれている．

実際に 10 回のゲームを行ったところ，A が 8 回，B は 2 回勝った．この結果から

$$\text{「やはりロボット A の方がロボット B より強い」} \tag{1}$$

と言ってよいかどうかを考えよう．

A の勝つ確率を $p$ とすると，10 回のゲームの結果は二項分布 $B(10, p)$ に従う二項母集団から抽出した大きさ 10 の無作為標本と考えることができる．したがって，A がちょうど 8 回勝つ確率は

$$_{10}C_8 \, p^8 (1-p)^2 \tag{2}$$

となる．$0 < p < 1$ のとき，(2) の値は 0 でないから，たとえ A が強くないとしても，8 回勝つことは起こり得ないことではない．このように考えると，(1) について何も判断できないことになる．

しかし，A が強くなければ，10 回のうち 8 回あるいはそれ以上勝つことは稀であろう．すなわち，めったに起こらないことが起きたのだから，A の方が強いと考えてもよいであろう．

ここで重要となるのは，めったに起こらないと判断する限界の確率である．この確率を**有意水準**または**危険率**という．有意水準は 5 ％(0.05)，1 ％(0.01) とすることが多い．

以下，有意水準を 5 ％(0.05) に定めて，(1) を判定する方法を説明しよう．

そのために，(1) を否定する主張

「ロボット A とロボット B の強さは等しい」　　　　(3)

を仮定して，(3) が正しいかどうかを調べることにする．(1) や (3) のような主張を**仮説**という．このうち，(3) のように，調べたい仮説を**帰無仮説**といい $H_0$ で表す．また，(1) のように，$H_0$ と対立する仮説を**対立仮説**といい $H_1$ で表す．A の勝つ確率 $p$ を用いると，$H_0$，$H_1$ は次のようになる．

帰無仮説　　$H_0 : p = \dfrac{1}{2}$

対立仮説　　$H_1 : p > \dfrac{1}{2}$

$H_0$ を仮定するとき，A が 10 回のゲームのうち 8 回以上勝つ確率は

$$_{10}C_8 \left(\dfrac{1}{2}\right)^{10} + {}_{10}C_9 \left(\dfrac{1}{2}\right)^{10} + {}_{10}C_{10} \left(\dfrac{1}{2}\right)^{10} \fallingdotseq 0.05469 \qquad (4)$$

この値は有意水準 0.05 より大きいから，めったに起こらないこととはいえず，$H_0$ が正しくないとは判定することはできない．すなわち，A の方が強いとはいえない．このような場合，$H_0$ を**受容する**という．

一方，ゲームを 20 回行って，A が 16 回勝ったとしよう．(4) と同様に A が 20 回のうち 16 回以上勝つ確率を求めると

$$\left({}_{20}C_{16} + {}_{20}C_{17} + {}_{20}C_{18} + {}_{20}C_{19} + {}_{20}C_{20}\right)\left(\dfrac{1}{2}\right)^{20} \fallingdotseq 0.00591 \qquad (5)$$

この値は有意水準 0.05 より小さいから，仮説 $H_0$ を仮定すると，めったに起こらないことが起こったことになる．したがって，$H_0$ は正しくないと判断して，A の方が強いといえる．このような場合，$H_0$ を**棄却する**という．

一般に，得られた標本に基づいて帰無仮説を棄却するか受容するかの判断をすることを**仮説検定**という．

**問 1**　従来，A が勝つ確率 $p$ は $\dfrac{2}{3}$ とされていた．実際にゲームを 7 回行ったところ，A は 2 回しか勝てなかった．仮説「A の勝つ確率は $\dfrac{2}{3}$ より小さい」について，$H_0$，$H_1$ を作り，有意水準 5% で仮説検定せよ．

母数 $\theta$ について，帰無仮説

$$H_0 : \theta = \theta_0 \tag{6}$$

を設定したとき，対立仮説としては

$$H_1 : \theta \neq \theta_0 \tag{7}$$

$$H_1 : \theta > \theta_0 \tag{8}$$

$$H_1 : \theta < \theta_0 \tag{9}$$

などを設定する．(7), (8), (9) の対立仮説を設定して仮説検定することを順に，**両側検定**，**右片側検定**または**右側検定**，**左片側検定**または**左側検定**といい，検定に用いる統計量を**検定統計量**という．

最初の例の検定は，A が勝つとき 1，B が勝つとき 0 としたとき，標本の和 $X = \sum_{i=1}^{10} X_i$ を検定統計量とする母比率（A の勝つ確率）$p$ についての右側検定であり，問 1 は同じ検定統計量による左側検定である．

対立仮説や有意水準はデータを見る前に設定しておくことが重要である．有意水準 $\alpha$ で $H_0$ が棄却されるとき，検定結果は有意水準 $\alpha$ で**有意である**という．帰無仮説を受容する場合，他のいろいろなことから帰無仮説が正しいと考えられるときには，帰無仮説を**採択する**という．

最初の例では，有意水準と (4) の確率の値

$$P(X \geq 8) = P\Big(\sum_{i=1}^{10} X_i \geq 8\Big) \tag{10}$$

の大小を比較して検定を行った．この確率の値を $p$ **値**という．

また，検定を行うとき，次のような 2 種類の誤りを犯すことがあり得る．

| 判定＼$H_0$ の真偽 | $H_0$ が真 | $H_0$ が偽（$H_1$ が真） |
|---|---|---|
| $H_0$ を受容 | 正しい判断 | 第 2 種の誤り |
| $H_0$ を棄却 | 第 1 種の誤り | 正しい判断 |

第 1 種の誤りを犯す確率は有意水準にほかならない．

## 2·2 母平均の検定 (1)

ある機械が袋に詰める砂糖の重さ（単位 g）は，正規分布 $N(100, 5^2)$ に従うように調整される．機械が正しく調整されているかどうかを確かめるために，無作為に 9 個の袋をとって砂糖の重さを測ったところ，それらの平均 $\bar{x}$ は 103.6 であったという．このとき，仮説

「この機械は正しく調整されている」

を検定しよう．ただし，有意水準は 5％ とする．

この場合，本来の母平均 100 が変化したかどうかを調べることが目的だから，両側検定を行う．すなわち，帰無仮説 $H_0$ および対立仮説 $H_1$ を次のようにおく．

$H_0 : \mu = 100$（母平均は変化していない）

$H_1 : \mu \neq 100$（母平均は変化した）

$H_0$ が正しいと仮定すると，標本平均 $\overline{X}$ の標準化

$$Z = \frac{\overline{X} - 100}{5/\sqrt{9}}$$

は $N(0, 1)$ に従う．

また，$Z$ の実現値は

$$z = \frac{103.6 - 100}{5/\sqrt{9}}$$
$$= 2.16 \qquad (1)$$

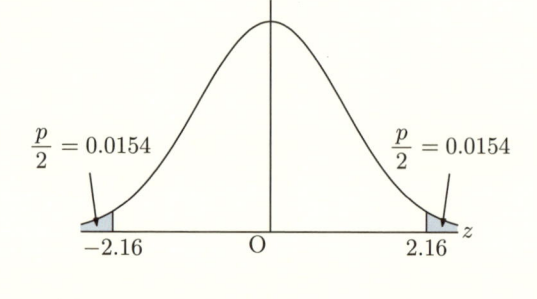

$p$ 値は $|Z|$ が $z$ 以上に 0 から離れる確率

$$p = P(|Z| \geq z) = P(Z \leq -z) + P(Z \geq z)$$

である．$p$ を正規分布表を用いて求めると

$$p = (1 - 0.9846) \times 2 = 0.0308$$

したがって，有意水準 5％(0.05) より小さくなるから，$H_0$ は棄却される．すなわち，この機械は正しく調整されていないといえる．

$p$ 値を求めるかわりに，帰無仮説を棄却すべき検定統計量の範囲を設定する方法もある．この範囲を**棄却域**といい，棄却域に入る確率がちょうど有意水準と一致するように定められる．

上の例の両側検定の棄却域は，有意水準を $\alpha$ とおくとき
$$P(|Z| \geqq z_{\alpha/2}) = P(Z \leqq -z_{\alpha/2}) + P(Z \geqq z_{\alpha/2}) = \alpha$$
より，次の不等式で表される．

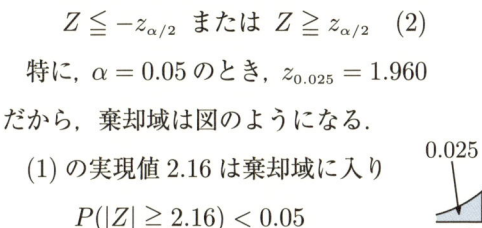

$$Z \leqq -z_{\alpha/2} \text{ または } Z \geqq z_{\alpha/2} \quad (2)$$

特に，$\alpha = 0.05$ のとき，$z_{0.025} = 1.960$ だから，棄却域は図のようになる．

(1) の実現値 2.16 は棄却域に入り

$$P(|Z| \geqq 2.16) < 0.05$$

したがって，$H_0$ は棄却される．

[問2] 多数の人口をもつある都市の中学1年生に数学の学力テストを一斉に実施した．受験生から 100 名を無作為抽出し，得点を調べたところ，得点の平均点は 52.2 であった．全受験生の得点は標準偏差 10.5 の正規分布に従うという．このとき，仮説「全受験生の得点の平均は 50 点である」を有意水準 5% で検定せよ．また，有意水準 1% で検定せよ．

母分散 $\sigma^2$ が既知である正規母集団の母平均 $\mu$ について，$H_0 : \mu = \mu_0$ とするときの右側検定および左側検定の対立仮説，棄却域は次のようになる．

| 右側検定 | 左側検定 |
|---|---|
| $H_1 : \mu > \mu_0$，棄却域 $Z \geqq z_\alpha$ | $H_1 : \mu < \mu_0$，棄却域 $Z \leqq -z_\alpha$ |

**例題 1** ある工場で生産される糸の強さは，平均 170.8 g の重さに耐えるように作られている．最近，糸が弱くなったと苦情が寄せられた．糸の強さ $X$ は正規分布 $N(\mu, \sigma^2)$ に従い，平均 $\mu$ は 170.8 g より小さいことが予想される．いま，製品から 50 本を無作為抽出して強さを測定したところ，その平均は 169.5 g であった．糸は弱くなったといってよいか．有意水準 5 % で仮説の検定を行って判定せよ．なお，これまでの経験から $\sigma$ の値は 5.5 g と考えられる．

**解** 弱くなったかを調べるから，左側検定とし，仮説を次のようにおく．

$$H_0 : \mu = 170.8, \quad H_1 : \mu < 170.8$$

$z_{0.05} = 1.6449$ より，棄却域は $Z \leqq -1.6449$

実現値は $\bar{x} = 169.5$ だから

$$z = \frac{169.5 - 170.8}{5.5/\sqrt{50}} = -1.67$$

この値は棄却域に入るから，仮説 $H_0$ は棄却され，糸は弱くなったといってよい． //

**問 3** 有意水準を 1 % として例題 1 を解け．

母分散 $\sigma^2$ が未知の場合でも，標本の大きさ $n$ が十分大きい場合は不偏分散の実現値 $u^2$ で置き換えればよい．

**問 4** ある工場の資料によると，機械 A を用いて作られた製品の平均重量（単位 g）は 5.68 である．新しい機械 B を導入し同じ製品を作っている．製品の平均重量に変化が生じたように思われたため，製品から 70 個無作為抽出し重量を測定したところ，平均重量が 5.73，不偏分散が $0.23^2$ であった．平均重量は変化したといってよいか．有意水準 5 % で判断せよ．ただし，製品の重量は正規分布 $N(\mu, \sigma^2)$ に従うものとし，標本の大きさ $n = 70$ は大きいと考えてよい．

## 2・3 母平均の検定 (2)

正規母集団 $N(\mu, \sigma^2)$ から大きさ $n$ の標本を無作為抽出して母平均 $\mu$ を検定するとき，母分散が既知または $n$ が十分大きい場合は，検定統計量

$$Z = \frac{\overline{X} - \mu}{\sqrt{\sigma^2/n}} \quad \text{または} \quad Z = \frac{\overline{X} - \mu}{\sqrt{U^2/n}} \tag{1}$$

が標準正規分布に従うことを用いた．

母分散が未知で $n$ が小さい場合は，88 ページの公式より，統計量

$$T = \frac{\overline{X} - \mu}{\sqrt{U^2/n}} \tag{2}$$

が自由度 $n-1$ の $t$ 分布に従い，$t_{n-1}(\alpha)$ の定義より

$$P(|T| \geq t_{n-1}(\alpha/2)) = \alpha$$
$$P(T \leq -t_{n-1}(\alpha)) = P(T \geq t_{n-1}(\alpha)) = \alpha$$

したがって，$T$ を検定統計量として，その実現値を $t$ とするとき，対立仮説 $H_1$ に対応して次のような棄却域を設けて仮説の検定を行う．

$H_1 : \mu \neq \mu_0$　　棄却域：$T \leq -t_{n-1}(\alpha/2)$ または $T \geq t_{n-1}(\alpha/2)$

（両側検定）

$H_1 : \mu > \mu_0$　　棄却域：$T \geq t_{n-1}(\alpha)$　　　　　　　　　　（右側検定）

$H_1 : \mu < \mu_0$　　棄却域：$T \leq -t_{n-1}(\alpha)$　　　　　　　　　（左側検定）

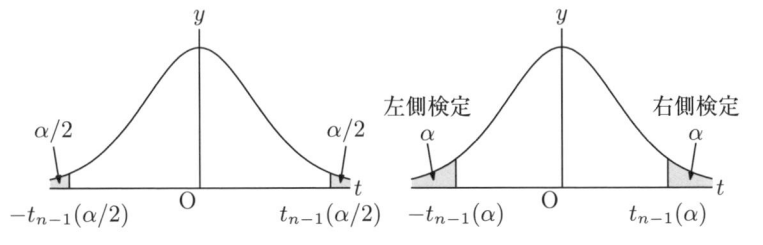

$t$ 分布を利用する検定を **$t$ 検定** という．

（注）統計ソフトを用いれば $p$ 値を求めることができるが，$t$ 分布表からは限られた $\alpha$ 点しか得られないため，本書では棄却域の方法を用いる．

### 例題2
ある機械が袋に詰める砂糖の重さ（単位 g）は，平均 100 の正規分布に従うように調整される．機械が正しく調整されているかどうかを確かめるために，無作為に 9 個の袋をとって砂糖の重さを測ったら，それらの標本平均は $\bar{x} = 102.4$ と不偏分散は $u^2 = 25$ であった．この機械は正しく調整されているといってよいか．有意水準 5% で検定せよ．

**解** 母平均を $\mu$ とおき，仮説を次のように設定して両側検定を行う．

$$H_0 : \mu = 100, \quad H_1 : \mu \neq 100$$

検定統計量

$$T = \frac{\bar{X} - \mu}{\sqrt{U^2/9}}$$

は自由度 8 の $t$ 分布に従う．
$t_8(0.025) = 2.306$ より，棄却域は

$$T \leqq -2.306 \text{ または } T \geqq 2.306$$

$\bar{x} = 102.4$ より，実現値は

$$t = \frac{102.4 - 100}{5/\sqrt{9}} = 1.44$$

この値は棄却域に入らないから，$H_0$ は受容される．すなわち，この機械は正しく調整されていないとはいえない． //

### 問5
ある純度の金属は融点（単位 ℃）が 1064.43 でなければならないと規定されている．不純物が混ざれば融点は降下することが知られている．融点の降下が起こっているかを調査するため，ある生産現場において，金属塊の中から 10 個を無作為抽出し，その融点を調べた．融点の平均温度と不偏分散は，それぞれ 1063.97, $6.61^2$ であった．その生産現場の金属塊の融点は正規分布に従うものとするとき，その平均温度は規定より低いといってよいか．有意水準 5% で検定せよ．

## 2·4 母分散の検定

正規母集団 $N(\mu, \sigma^2)$ から大きさ $n$ の無作為標本をとるとき, 仮説
$$H_0 : \sigma^2 = \sigma_0{}^2 \qquad (\sigma_0 \text{ は定数})$$
を検定する方法を説明しよう.

$H_0$ が正しいと仮定すると, 87 ページの公式より, 統計量
$$X = \frac{(n-1)U^2}{\sigma_0{}^2} \qquad (U^2 \text{ は不偏分散})$$
は自由度 $n-1$ の $\chi^2$ 分布に従う.

有意水準 $\alpha$ について, $\chi^2_{n-1}(\alpha)$ の定義より
$$P(X \geqq \chi^2_{n-1}(\alpha)) = \alpha$$
したがって, $X$ を検定統計量として, その実現値を $x$ とするとき, 対立仮説 $H_1$ に対応して次のように棄却域を設けて仮説の検定を行う.

(ⅰ) $H_1 : \sigma^2 \neq \sigma_0{}^2$
$$X \leqq \chi^2_{n-1}(1-\alpha/2) \text{ または } X \geqq \chi^2_{n-1}(\alpha/2) \qquad (両側検定)$$

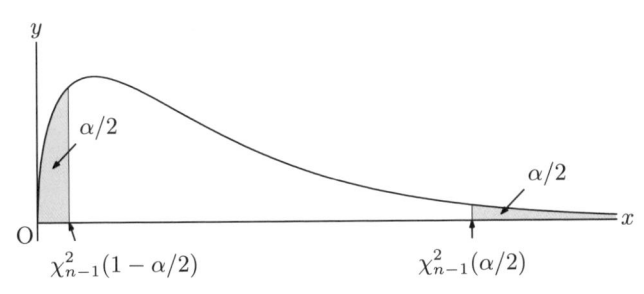

(ⅱ) $H_1 : \sigma^2 > \sigma_0{}^2$
$$X \geqq \chi^2_{n-1}(\alpha) \qquad (右側検定)$$

(ⅲ) $H_1 : \sigma^2 < \sigma_0{}^2$
$$X \leqq \chi^2_{n-1}(1-\alpha) \qquad (左側検定)$$

$\chi^2$ 分布を利用した仮説の検定を **$\chi^2$ 検定** という.

**例題3** これまでのデータによると，ある製品の特性値は正規分布に従い，その分散は 64 であるという．本日作られた製品の特性値の分散がこれまでより大きいことが疑われた．そこで製品を無作為に 8 個を抽出し，その特性値を調べたら次のようになった．

$$67.0 \quad 42.8 \quad 69.3 \quad 64.0 \quad 54.6 \quad 55.1 \quad 59.9 \quad 71.2$$

この日に作られた製品の特性値の分散は 64 より大きいといえるか．有意水準 5％ で検定せよ．

**解** 仮説を

$$H_0 : \sigma^2 = 64$$
$$H_1 : \sigma^2 > 64$$

として，右側検定を行う．

$\chi^2$ 分布表から

$$\chi_7^2(0.05) = 14.067$$

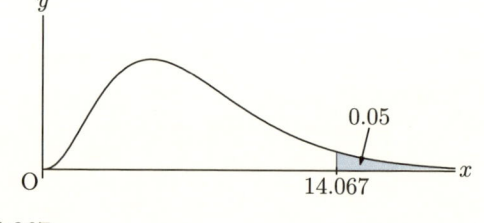

よって，棄却域は $X \geq 14.067$

$U^2$ の実現値を計算すると $u^2 = 89.15$

$X = \dfrac{(n-1)U^2}{\sigma_0^2}$ の実現値は $x = \dfrac{7 \times 89.15}{64} = 9.751$

この値は棄却域に入らない．よって，$H_0$ は受容され，この特性値の分散は 64 より大きいとはいえない． //

**問6** ある工場で製造している化粧用乳液がある．乳液の容量 (単位 ml) は平均 180 である正規分布に従い，分散は $1.3^2$ であると公表されている．今回，分散を小さくするように製造工程を改良した．実際に小さくなったかどうか調べるために 15 個の製品を無作為抽出して，容量を測定した．測定の結果，不偏分散は $0.91^2$ であった．分散は小さくなったといえるか．有意水準 5％ で検定せよ．

## 2·5 等分散の検定

2つの正規母集団 $N(\mu_1, \sigma_1{}^2)$, $N(\mu_2, \sigma_2{}^2)$ から，それぞれ大きさ $n_1$, $n_2$ の標本を独立に無作為抽出したとき，仮説

$$H_0 : \sigma_1{}^2 = \sigma_2{}^2$$

を検定する方法を説明しよう．

$H_0$ が正しいと仮定すると，90 ページの公式より，統計量

$$F = \frac{U_1{}^2}{U_2{}^2}, \quad F' = \frac{U_2{}^2}{U_1{}^2} \qquad (U_1{}^2, U_2{}^2 \text{ は不偏分散})$$

は自由度がそれぞれ $(n_1 - 1, n_2 - 1)$, $(n_2 - 1, n_1 - 1)$ の $F$ 分布に従う．

有意水準 $\alpha$ について，$F_{n_1-1, n_2-1}(\alpha)$ の定義より

$$P\bigl(F \geqq F_{n_1-1, n_2-1}(\alpha)\bigr) = \alpha$$
$$P\bigl(F' \geqq F_{n_2-1, n_1-1}(\alpha)\bigr) = \alpha$$

自由度 $(m, n)$ の $F$ 分布

したがって，対立仮説 $H_1$ に対応して，次のように仮説の検定を行う．

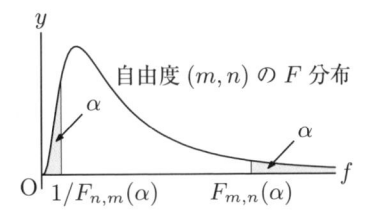

$H_1 : \sigma_1{}^2 > \sigma_2{}^2$ 　　　　　　　　　　　　　　　　　　　　（右側検定）

　　　検定統計量 $F$ 　棄却域 $F \geqq F_{n_1-1, n_2-1}(\alpha)$

$H_1 : \sigma_1{}^2 < \sigma_2{}^2$ 　　　　　　　　　　　　　　　　　　　　（左側検定）

　　　検定統計量 $F'$ 　棄却域 $F' \geqq F_{n_2-1, n_1-1}(\alpha)$

$H_1 : \sigma_1{}^2 \neq \sigma_2{}^2$ 　　　　　　　　　　　　　　　　　　　　（両側検定）

　　　$u_1{}^2 > u_2{}^2$ のとき　検定統計量 $F$ 　棄却域 $F \geqq F_{n_1-1, n_2-1}(\alpha/2)$

　　　$u_1{}^2 < u_2{}^2$ のとき　検定統計量 $F'$ 　棄却域 $F' \geqq F_{n_2-1, n_1-1}(\alpha/2)$

（注）　一般に，$k = F_{m,n}(1 - \alpha)$ とおくと

$$\alpha = P(F \leqq k) = P(1/F \geqq 1/k) = P(F' \geqq 1/k)$$

これから，$\boldsymbol{F_{m,n}(1 - \alpha) = 1/F_{n,m}(\alpha)}$ が成り立つ．

$F$ 分布を利用した検定を **$F$ 検定** という．

**例題 4** ある学校の 1 年生と 2 年生の数学の学力を比べると，2 年生の分散の方が大きいと考えられている．このことを検証するため，各学年から 8 人ずつを無作為抽出して定期試験の得点を調べたところ

1 年　63　80　83　83　75　68　66　90
2 年　52　81　68　70　52　50　80　60

であった．得点は正規分布に従うと仮定して，2 年生の分散の方が大きいといってよいかどうかを有意水準 5％ で検定せよ．

**解**　1 年生，2 年生の分散をそれぞれ $\sigma_1^2$, $\sigma_2^2$ とおき，仮説を

$$H_0 : \sigma_1^2 = \sigma_2^2$$
$$H_1 : \sigma_1^2 < \sigma_2^2$$

とおく．$H_0$ が正しいとすると

$$F' = \frac{U_2^2}{U_1^2}$$

は自由度 $(7, 7)$ の $F$ 分布に従い，$F$ 分布表より $F_{7,7}(0.05) = 3.787$
したがって棄却域は　$F' \geqq 3.787$

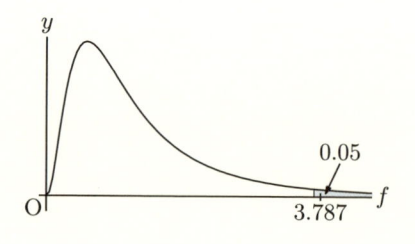

それぞれの不偏分散の実現値は　$u_1^2 = 92.00$, $u_2^2 = 156.70$

$F'$ の実現値は　$f' = \dfrac{156.70}{92.00} = 1.70$

よって，$H_0$ は棄却されず，2 年生の分散の方が大きいとはいえない． //

**問 7**　ある作物の試験栽培において，20 ヶ所の面積が等しい畑のうち，10 ヶ所の畑にはふつうの肥料を，残りの 10 ヶ所の畑には新しい型の肥料を使用し，収穫高を調べたところ，次のような結果を得た．新型の肥料の方が分散が小さいといえるか．有意水準 5％ で検定せよ．

普通の肥料　6.1　5.8　7.0　6.1　5.8　6.4　6.1　6.0　5.9　5.8
新型の肥料　5.9　5.7　6.1　5.8　5.9　5.6　5.6　5.9　5.7　5.6

## 2・6 母平均の差の検定

2台の機械が作る製品のそれぞれから無作為標本をとって，機械によって平均重量に差があるかを調べたい．このように，2つの異なる正規母集団 $N(\mu_1, \sigma_1^2)$, $N(\mu_2, \sigma_2^2)$ から，それぞれ大きさ $n_1$, $n_2$ の標本を独立に無作為抽出したとき，仮説

$$H_0 : \mu_1 = \mu_2$$

を検定する方法を説明しよう．

母分散 $\sigma_1^2$, $\sigma_2^2$ はともに既知とし，標本平均を $\overline{X}$, $\overline{Y}$ とすると，84 ページに述べたことから，$\overline{X} - \overline{Y}$ は正規分布に従う．また，79 ページの平均の性質と 80 ページの分散の性質より

$$E[\overline{X} - \overline{Y}] = E[\overline{X}] - E[\overline{Y}] = \mu_1 - \mu_2$$
$$V[\overline{X} - \overline{Y}] = V[\overline{X}] + V[\overline{Y}] = \frac{\sigma_1^2}{n_1} + \frac{\sigma_2^2}{n_2}$$

$H_0$ が正しいと仮定すると，$E[\overline{X} - \overline{Y}] = 0$ となるから，統計量

$$Z = \frac{\overline{X} - \overline{Y}}{\sqrt{\sigma_1^2/n_1 + \sigma_2^2/n_2}} \qquad (1)$$

は，標準正規分布 $N(0, 1)$ に従う．したがって，(1) を検定統計量として，正規分布を用いた母平均の場合と同様に検定を行うことができる．

---

**例題 5** 2種類のタイヤ A, B について，それぞれ大きさ 50 と 70 の標本を無作為抽出し，耐久力テストを行った．その結果，A, B の標本平均はそれぞれ $\overline{x} = 60.5$, $\overline{y} = 57.2$ となった．A, B の耐久力の差は有意か．有意水準 1% で検定せよ．ただし，これまでの実績からタイヤの耐久力は正規分布に従い，A, B の母分散はそれぞれ $8.2^2$, $7.7^2$ とされている．

---

**解** タイヤ A, B の耐久力の平均をそれぞれ $\mu_1$, $\mu_2$ とすると，仮説は

$$H_0 : \mu_1 = \mu_2, \quad H_1 : \mu_1 \neq \mu_2$$

標準正規分布の上側 0.5% 点は　$z_{0.005} = 2.5758$

これから，棄却域は　$Z \leqq -2.5758$ または $Z \geqq 2.5758$

検定統計量 $Z$ の実現値 $z$ は

$$z = \frac{60.5 - 57.2}{\sqrt{8.2^2/50 + 7.7^2/70}} = 2.229$$

この値は棄却域に入らないから，$H_0$ は受容される．

よって，2種類のタイヤの耐久力は異なるとはいえない．　　　//

[問 8]　例題 5 について，有意水準 5% として検定せよ．

母分散が未知の場合でも，標本の大きさ $n_1$ と $n_2$ がいずれも大きければ，$\sigma_1{}^2, \sigma_2{}^2$ それぞれに不偏分散の実現値 $u_1{}^2, u_2{}^2$ を代用することができる．すなわち，検定統計量を

$$Z = \frac{\overline{X} - \overline{Y}}{\sqrt{U_1{}^2/n_1 + U_2{}^2/n_2}}$$

とすればよい．

[問 9]　県内の高校 2 年生男子の 100 m 走の記録（単位 秒）について，昨年度 100 名を無作為抽出して調べたところ，平均 13.5，不偏分散 $1.7^2$ であったが，今年度，120 名を抽出して調べたところ，平均 13.9，不偏分散 $1.6^2$ であった．県内の高校 2 年生男子の 100 m 走の記録の平均は変化したといってよいか．有意水準 5% で検定せよ．

母分散が未知で，標本の大きさ $n_1, n_2$ が小さい場合，等分散であることが受容されたならば，統計量

$$T = \frac{\overline{X} - \overline{Y}}{\sqrt{U^2(1/n_1 + 1/n_2)}} \quad \left( U^2 = \frac{(n_1-1)U_1{}^2 + (n_2-1)U_2{}^2}{n_1 + n_2 - 2} \right)$$

は自由度 $n_1 + n_2 - 2$ の $t$ 分布に従うことが知られている．この場合は，$T$ を検定統計量として検定を行うことができる．

### 2·7 母比率の検定

母比率 $p$ の二項母集団から大きさ $n$ の標本を無作為抽出して,仮説

$$H_0 : p = p_0 \quad (p_0 \text{は定数})$$

が正しいと仮定すると,102 ページの (1) より,$n$ が大きいとき

$$Z = \frac{\widehat{P} - p_0}{\sqrt{p_0 q_0 / n}} \quad (q_0 = 1 - p_0)$$

は近似的に $N(0,1)$ に従うから,正規分布を用いて検定することができる.

---

**例題 6** あるメーカーから納入されるある機械の部品の不良率 (母比率) は 4 % としている.最近,不良率は減少したと思われる.そこで,部品の中から 200 個を無作為抽出して調べたところ,不良品が 3 個あった.部品の不良率 $p$ は減少したといってよいか.有意水準 5 % で検定せよ.

---

**解** 左側検定を行い,仮説を次のようにおく.

$$H_0 : p = 0.04, \quad H_1 : p < 0.04$$

$z_{0.05} = 1.645$ より,棄却域は

$$Z \leq -1.645$$

標本比率の実現値

$$\widehat{p} = \frac{3}{200} = 0.015$$

から,$Z$ の実現値を計算すると

$$z = \frac{0.015 - 0.04}{\sqrt{0.04(1 - 0.04)/200}} = -1.804$$

$z$ の値は棄却域に入るから,仮説 $H_0$ は棄却され,不良率は減少したといえる. //

**問 10** 1 つのさいころを 150 回投げたら,1 の目が 35 回出た.このさいころの 1 の目の出る確率 $p$ は $\dfrac{1}{6}$ ではないといえるか.有意水準 10 % で検定せよ.

> コラム　いろいろな統計的手法

この章では推定と検定の基本的な方法を学んだ．実際には，それらを応用して様々な統計的手法が用いられている．補章でもそのいくつかを解説するが，ここでは，それ以外の代表的な手法について紹介しよう．

**ノンパラメトリックな手法**

一般の母集団で，標本数が少ない場合，あるいは正規分布と明らかにかけ離れている場合などは，中心極限定理のあてはまりがよくないという欠点をもっている．「ノンパラメトリックな手法」は，母集団分布に正規分布など特定の分布を仮定することなく判断する検定である．

**抜き取り検査**

生産者が製品を良品と判断をして市場に出すか，不良品と判断して市場に出さないかを判断するための手法を「抜き取り検査」という．抜き取り検査は製品から標本を抽出して，その不良率をもとに判断される．市場に不良品が出ることは消費者にとって不利益となるが，検査基準を厳しくすると，多くの製品が不良品と判断されて，生産者に不利益が出る．そこで，消費者，生産者がともにあまり不利益にならないように合格基準を適切に決める必要がある．抜き取り検査は，そのための方法の１つである．

**分散分析法**

3つ以上の母集団からそれぞれ標本をとって，データ全体のばらつきを求め，これを各標本内でのばらつき（偶然の誤差）と標本間のばらつきに分ける．後者の前者に対する比が偶然には起こりえないほど大きければ，母平均に差があると判定することにする．この方法を「分散分析法」という．

分散分析法は，イギリスの遺伝学者・統計学者であるロナルド・フィッシャー（1890–1962）によって編み出された．フィッシャーは，分散分析法や実験計画法など，現代の推測統計学において非常に多くの足跡を残し，20世紀の統計学の大家とも呼ばれている．

## 練習問題 2-A

1. ある製薬会社の錠剤は，直径（単位 mm）の平均が 5 になるように作られてきた．製造機械を新しくしたため，100 錠を無作為抽出して直径を測定したところ，平均が 5.1，不偏分散が $0.3^2$ であった．直径の平均が変わったかどうか，有意水準 1% で検定せよ．

2. あるメーカーの菓子袋は，1 袋に含まれる菓子の量（単位 g）が平均 155 の正規分布に従うように作られている．ある日，この菓子袋を 10 個無作為抽出し含まれる菓子の量を調べたら，平均 152.7，不偏分散 $3.6^2$ であった．この菓子袋に含まれる菓子の量は 155 より少なくなったといえるか．有意水準 5% で検定せよ．

3. ある種のネズミは生まれて 3 ヶ月後に平均体重が 65 g になる．この種のネズミを無作為に 3 匹選び，特別な餌を与えて飼育したところ，体重が 67.4 g，66.1 g，66.9 g となった．この餌は，この種のネズミの体重に有意な影響を与えるといえるか．有意水準 5% で検定せよ．ただしネズミの体重は正規分布に従うものとする．

4. 2 つの学校 A, B の同学年の学生に数学の学力差があるかどうかを調べるために，100 名ずつの学生を無作為に選んで試験（単位 点）をしたところ，A の平均は 73，不偏分散は 445，B の平均は 68，不偏分散は 258 であった．平均点に差があるといえるか．有意水準 5% で検定せよ．

5. A 工場製のリモコンから 25 個を無作為抽出してその寿命（単位 時間）を調べたところ，不偏分散が $110^2$ であった．これまでの資料ではリモコンの寿命は正規分布に従い，分散は $100^2$ であったという．この工場製のリモコンの分散は変化したと考えられるか．有意水準 5% で検定せよ．

6. ある都市で眼鏡を必要とする人の調査をした．200 人を無作為に抽出して調べたところ，135 人が眼鏡使用者であった．この都市における眼鏡の使用率は 6 割より大きいといってよいか．有意水準 5% で検定せよ．

## 練習問題 2-B

1. つぼの中に多数の赤玉と黒玉が入っている．この中の赤玉と黒玉の割合は同じであるという仮説を検定したい．

   (1) つぼから復元抽出で 25 個の玉を無作為にとる．もし，その中の黒玉の数が，7 個から 18 個の範囲にあれば仮説を受容し，そうでないときは仮説を棄却する．第 1 種の誤りを犯す確率を求めよ．

   (2) つぼの中の玉の構成は，黒玉が赤玉より多いことが予想されているとする．このつぼから復元抽出で 64 個を無作為にとってその中の黒玉の数を $Y$ とするとき，$Y$ を検定統計量とする有意水準 5％ の棄却域を作れ．

2. 正規母集団 $N(\mu, 2^2)$ からの大きさ 25 の無作為標本の標本平均 $\overline{X}$ を使って仮説 $H_0 : \mu = 6$，$H_1 : \mu = 5$ を検定する．棄却域として $\overline{X} \leq x_0$（$x_0$ は定数）を採用したとき，第 1 種の誤りの大きさ $\alpha = 0.16$ に対する第 2 種の誤りの大きさ $\beta$ を求めよ．

3. ある学校の 1 年生 220 名と 2 年生 200 名の数学の理解度を調べるため，1 年生から 11 名，2 年生から 10 名をそれぞれ無作為に抽出し 100 点満点で試験を行ったところ次の結果を得た．

   | 1 年生 | 71 | 70 | 67 | 70 | 69 | 75 | 76 | 74 | 69 | 69 | 72 |
   | --- | --- | --- | --- | --- | --- | --- | --- | --- | --- | --- | --- |
   | 2 年生 | 73 | 68 | 74 | 69 | 76 | 75 | 73 | 75 | 76 | 77 | |

   1 年生と 2 年生の平均点の差について．有意水準を 5％ とし，次の手順で検定せよ．ただし，得点は正規分布に従うとする．

   (1) 2 つの学年の分散は同じであると考えられるか．

   (2) 2 年生の平均点の方がよいといえるか．

# 5章 補章

## §1 いろいろな検定

### 1・1 適合度の検定

測定値の分布が,ある法則や条件に適合しているかどうかを検定する方法に,**適合度の検定**がある.この方法を次の例で説明しよう.

あるさいころを使ってゲームをすることになったが,その前にこのさいころが正しく作られているかどうかを調べることになった.正しく作られているさいころであれば各目の出る確率は等しいはずだから,仮説を次のようにおく.

帰無仮説 $H_0$:どの目の出る確率も $\dfrac{1}{6}$ に等しい

対立仮説 $H_1$:どの目の出る確率も $\dfrac{1}{6}$ に等しいとはいえない

このさいころを 120 回投げたとき,次の結果が得られた.

| 目の数 | 1 | 2 | 3 | 4 | 5 | 6 | 計 |
|---|---|---|---|---|---|---|---|
| 出た回数 | 27 | 12 | 14 | 28 | 24 | 15 | 120 |

もし $H_0$ が正しければ,どの目も

$$120 \times \frac{1}{6} = 20 \text{ (回)}$$

出ることが期待される．これを**期待度数**という．また実際に観測された度数を**観測度数**という．これらをまとめて表にすると次のようになる．

| 目の数 | 1 | 2 | 3 | 4 | 5 | 6 | 計 |
|---|---|---|---|---|---|---|---|
| 観測度数 | 27 | 12 | 14 | 28 | 24 | 15 | 120 |
| 期待度数 | 20 | 20 | 20 | 20 | 20 | 20 | 120 |

上のような表において，列の数（目の種類）を $m$ とするとき，統計量

$$X = \sum \frac{(\text{観測度数} - \text{期待度数})^2}{\text{期待度数}} \tag{1}$$

は，観測度数の合計が大きいとき，近似的に自由度 $m-1$ の $\chi^2$ 分布に従うことが知られている．今の場合は，$m=6$ だから，近似的に自由度 5 の $\chi^2$ 分布に従う．この $X$ を検定統計量として用いることにする．

期待度数と観測度数のズレが大きいとき $X$ の値は大きくなり，また，$X$ の値が大きいとき $H_0$ は棄却されるから，右側検定となる．

有意水準を 5 % とすると，棄却域は

$$X \geqq \chi^2_5(0.05) = 11.07 \text{ （}\chi^2 \text{ 分布表より）}$$

一方，$X$ の実現値 $x$ は

$$x = \frac{(27-20)^2}{20} + \frac{(12-20)^2}{20} + \cdots + \frac{(15-20)^2}{20} = 12.7$$

この値は棄却域に入るから，$H_0$ は棄却される．したがって，このさいころは，正しく作られているとはいえない．

問 1　硬貨を投げて表の出る確率が $\frac{1}{2}$ のとき，その硬貨は正しく作られているということにする．いま，ある硬貨を 500 回投げたとき，表が 227 回，裏が 273 回出た．この硬貨は正しく作られているといえるか．有意水準 5 % で検定せよ．

## 1・2 独立性の検定

母集団のもつ2種類以上の特性が互いに関係があるか，あるいは独立であるかを検定する方法に，**独立性の検定**がある．次の例で説明しよう．

TV ゲーム機使用と近視であることの間には，なんらかの関係があるかどうかを調べたい．そこで，A 中学1年生500人について，ゲーム機の使用者と近視者の数を実際に調べたら，下の表のようになった．

観測度数表

|  | 近視者 | 近視でない者 | 計 |
|---|---|---|---|
| ゲーム機使用者 | 69 | 163 | 232 |
| ゲーム機非使用者 | 58 | 210 | 268 |
| 計 | 127 | 373 | 500 |

そこで，仮説を次のようにおいて検定を行う．

帰無仮説 $H_0$：ゲーム機使用と近視との間には関係がない

対立仮説 $H_1$：ゲーム機使用と近視との間には関係がある

$H_0$ が正しいと仮定すると，ゲーム機の使用と近視は無関係，すなわち互いに独立である．

相対度数を確率と見なせば，A 中学1年生から無作為に1人を選ぶとき

ゲーム機使用者である確率は $\dfrac{232}{500}$

近視者である確率は $\dfrac{127}{500}$

となるから，事象が独立の場合の乗法定理より

ゲーム機使用者で近視者である確率は $\dfrac{232}{500} \times \dfrac{127}{500}$

したがって，500人のうち，ゲーム機使用者で近視者である度数は

$$500 \times \frac{232}{500} \times \frac{127}{500} = 232 \times \frac{127}{500} = 58.9$$

であると期待される．同様にして，それぞれの度数を計算すると，次の表

のようになる．

期待度数表

|  | 近視者 | 近視でない者 | 計 |
|---|---|---|---|
| ゲーム機使用者 | $232 \times \dfrac{127}{500} = 58.9$ | $232 \times \dfrac{373}{500} = 173.1$ | 232 |
| ゲーム機非使用者 | $268 \times \dfrac{127}{500} = 68.1$ | $268 \times \dfrac{373}{500} = 199.9$ | 268 |
| 計 | 127 | 373 | 500 |

適合度の検定と同様に，統計量

$$X = \sum \frac{(観測度数 - 期待度数)^2}{期待度数} \tag{1}$$

を考える．この $X$ は，標本の大きさが大きければ近似的に自由度 1 の $\chi^2$ 分布に従うことが知られている．

（注）上のような表を $2 \times 2$ 分割表という．一般に，縦 $l$ 行，横 $m$ 列の表を，$l \times m$ 分割表という．$l \times m$ 分割表における統計量 (1) は，標本の大きさが大きいとき自由度 $(l-1) \times (m-1)$ の $\chi^2$ 分布に近似的に従うことが知られている．

(1) の $X$ を検定統計量として，右側検定を行うことにする．有意水準を 5％とすると，棄却域は

$$X \geqq \chi^2_1(0.05) = 3.841$$

$X$ の実現値 $x$ は

$$\begin{aligned}x &= \frac{(69-58.9)^2}{58.9} + \frac{(163-173.1)^2}{173.1} + \frac{(58-68.1)^2}{68.1} + \frac{(210-199.9)^2}{199.9} \\ &= 4.33\end{aligned}$$

この値は棄却域に入るから，$H_0$ は棄却され，ゲーム機の使用は視力に影響を与えていることになる．

**問2** ある都市で，有権者のC内閣に対する支持率を調べた．有権者から男性150人，女性100人を抽出し，支持する者，支持しない者を調べたらその人数は右の表のようであった．C内閣の支持率は男性と女性とで，違いがあるとみてよいか．有意水準5%で検定せよ．

|  | 男 | 女 | 計 |
|---|---|---|---|
| 支持する | 60 | 35 | 95 |
| 支持しない | 90 | 65 | 155 |
| 計 | 150 | 100 | 250 |

**問3** ある会社で販売している製品は，A, B, C 3社から納入されたものである．この製品から631個を抽出し，納入した会社と良品，不良品の数を調べたら右の表のようになった．良品と不良品の割合は納入した会社に関係があるといってよいか．有意水準5%で検定せよ．

|  | A | B | C | 計 |
|---|---|---|---|---|
| 良品 | 211 | 175 | 205 | 591 |
| 不良品 | 8 | 19 | 13 | 40 |
| 計 | 219 | 194 | 218 | 631 |

## §2 いろいろな確率分布と確率密度関数

### 2·1 幾何分布

さいころを繰り返し投げるとき，はじめて 1 の目が出るまでの回数を $X$ とすると，$X$ は値 1, 2, 3, $\cdots$ をとる離散型確率変数であり，$X$ の確率分布は次のようになる．

$$P(X = 1) = \frac{1}{6}$$
$$P(X = 2) = \frac{5}{6} \times \frac{1}{6}$$
$$P(X = 3) = \left(\frac{5}{6}\right)^2 \times \frac{1}{6}$$
$$\cdots\cdots$$
$$P(X = k) = \left(\frac{5}{6}\right)^{k-1} \times \frac{1}{6}$$
$$\cdots\cdots$$

一般に，事象 $A$ の起こる確率が $p\ (0 < p < 1)$ であるベルヌーイ試行において，事象 $A$ が起こるまでの回数を $X$ とするとき，$X$ は 1, 2, 3, $\cdots$ の値をとる離散型確率変数であり，その確率分布は

$$P(X = k) = p(1-p)^{k-1} \quad (k = 1,\ 2,\ 3,\ \cdots) \tag{1}$$

(1) の確率分布をパラメータ $p$ の**幾何分布**という．

（注）　数列 $\{p(1-p)^{n-1}\}_{n=1,2,3,\cdots}$ は初項 $p$，公比 $1-p$ の等比数列だから，等比級数の和の公式より，次の等式が成り立つ．

$$\sum_{n=1}^{\infty} p(1-p)^{n-1} = \frac{p}{1-(1-p)} = 1$$

幾何分布について

平均は $\dfrac{1}{p}$，分散は $\dfrac{1-p}{p^2}$

となることが証明される．

$p = 0.5, 0.3, 0.1$ の幾何分布を，横軸に値 $k$，縦軸に確率 $P(X = k)$ をとって折れ線グラフとしてかくと，次のようになる．

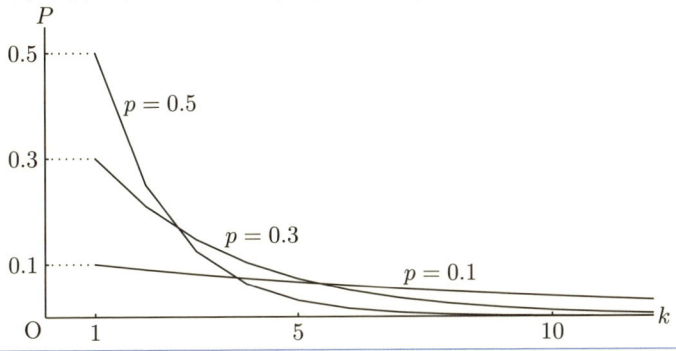

**例題 1** ある地方での台風による大規模災害が発生するまでの年数 $X$ は幾何分布に従い，1 年について 0.05 の確率で発生するという．この災害は平均何年後に発生するか．また 10 年以内に発生する確率を求めよ．

**解** $E(X) = \dfrac{1}{0.05} = 20$

また，10 年以内に発生する確率は

$$P(X \leqq 10) = \sum_{k=1}^{10}(0.05)(0.95)^{k-1} = \frac{0.05(1 - 0.95^{10})}{1 - 0.95}$$
$$= 1 - 0.95^{10} \fallingdotseq 0.401 \qquad //$$

（注） 平均では 20 年であるが，10 年以内に発生する確率は 0.401 と高い値となる．すなわち，稀な災害であっても必ずしも遠い将来に起きるとは限らない．

**問 1** 赤玉 3 個と白玉 6 個の入っている袋の中から，1 個ずつ復元抽出する．赤玉の出るまでの回数を $X$ とするとき，次の問いに答えよ．

(1) $X$ の確率分布を求めよ．
(2) $P(X \leqq 3)$ を求めよ．

## 2·2 指数分布

連続型確率変数 $X$ の確率密度関数が，定数 $\lambda(>0)$ を用いて

$$f(x) = \begin{cases} \lambda e^{-\lambda x} & (x \geqq 0) \\ 0 & (x < 0) \end{cases} \tag{1}$$

で表されるとき，$X$ はパラメータ $\lambda$ の**指数分布**に従うという．

指数分布は，たとえば故障までの時間，寿命，耐用年数，災害までの年数などが従う確率分布である．

指数分布について

平均は $\dfrac{1}{\lambda}$，分散は $\dfrac{1}{\lambda^2}$

となることが証明される．

右の図は $\lambda = 1, 2, 5$ のときの指数分布の確率密度関数のグラフである．幾何分布と同じように初期の確率が高いことがわかる．

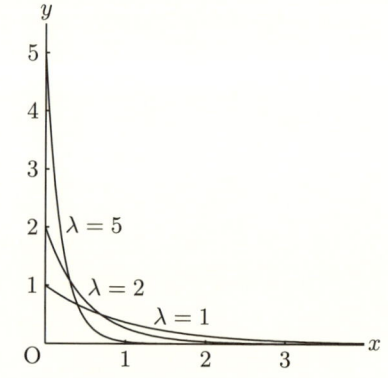

**例題2** ある人の通話時間 $X$ は平均 4 分の指数分布に従うものとする．このとき，その人の通話が 4 分以内に終わる確率を求めよ．

**解** $E(X) = \dfrac{1}{\lambda} = 4$ より $\lambda = \dfrac{1}{4}$

したがって，求める確率は

$$P(0 \leqq X \leqq 4) = \int_0^4 \lambda e^{-\lambda x} dx$$

$$= \frac{1}{4} \int_0^4 e^{-\frac{x}{4}} dx = 1 - e^{-1} \fallingdotseq 0.632 \quad //$$

**問2** ある製品が故障するまでの年数は平均 5 年の指数分布に従うという．この製品が 2 年以内に故障する確率を求めよ．

## 2·3 いろいろな確率密度関数

ここでは，$\chi^2$ 分布，$t$ 分布，$F$ 分布の確率密度関数を掲げておく．

▶ **自由度 $n$ の $\chi^2$ 分布**

$$f(x) = \begin{cases} \dfrac{1}{2^{\frac{n}{2}} \Gamma\left(\dfrac{n}{2}\right)} x^{\frac{n}{2}-1} e^{-\frac{x}{2}} & (x > 0 \text{ のとき}) \\ 0 & (x \leqq 0 \text{ のとき}) \end{cases}$$

ここで，$\Gamma(s)$ は**ガンマ関数**と呼ばれ，次の積分で定義される．

$$\Gamma(s) = \int_0^\infty x^{s-1} e^{-x} \, dx \quad (s > 0)$$

ガンマ関数について，次の性質が証明される．（ただし，$n$ は正の整数）

$$\Gamma(s+1) = s\Gamma(s) \tag{1}$$

$$\Gamma\left(\frac{1}{2}\right) = \sqrt{\pi} \tag{2}$$

$$\Gamma(n+1) = n! \tag{3}$$

▶ **自由度 $n$ の $t$ 分布**

$$f(x) = \frac{\Gamma\left(\dfrac{n+1}{2}\right)}{\sqrt{n\pi}\,\Gamma\left(\dfrac{n}{2}\right)} \left(1 + \frac{x^2}{n}\right)^{-\frac{1}{2}(n+1)} \quad (-\infty < x < \infty)$$

▶ **自由度 $m, n$ の $F$ 分布**

$$f(x) = \begin{cases} \dfrac{m^{\frac{1}{2}m} n^{\frac{1}{2}n}}{B\left(\dfrac{m}{2}, \dfrac{n}{2}\right)} \dfrac{x^{\frac{1}{2}m-1}}{(mx+n)^{\frac{1}{2}(m+n)}} & (x > 0 \text{ のとき}) \\ 0 & (x \leqq 0 \text{ のとき}) \end{cases}$$

ここで，$B(p, q)$ は**ベータ関数**と呼ばれ，次の積分で定義される．

$$B(p, q) = \int_0^1 x^{p-1} (1-x)^{q-1} \, dx \quad (p, q > 0)$$

ベータ関数は，ガンマ関数により次のように表される．

$$B(p, q) = B(q, p) = \frac{\Gamma(p)\Gamma(q)}{\Gamma(p+q)} \tag{4}$$

### 2·4 平均と分散の公式の証明

ここでは，二項分布，ポアソン分布，正規分布の平均と分散の公式を証明する．

---
**二項分布の平均と分散**

二項分布 $B(n, p)$ の平均は $np$, 分散は $npq$　（ただし $q = 1-p$）

---

**証明** $k \geq 1$ のとき

$$k \, {}_nC_k = k \cdot \frac{n!}{k!(n-k)!} = n \cdot \frac{(n-1)!}{(k-1)!(n-k)!} = n \, {}_{n-1}C_{k-1}$$

したがって

$$E[X] = \sum_{k=0}^{n} k \, {}_nC_k p^k q^{n-k} = \sum_{k=1}^{n} k \, {}_nC_k p^k q^{n-k}$$

$$= \sum_{k=1}^{n} n \, {}_{n-1}C_{k-1} p \cdot p^{k-1} q^{n-k} = np \sum_{k=1}^{n} {}_{n-1}C_{k-1} p^{k-1} q^{n-k}$$

$k - 1 = r$ とおくと

$$E[X] = np \sum_{r=0}^{n-1} {}_{n-1}C_r p^r q^{n-1-r} = np \cdot (p+q)^{n-1} = np \cdot 1^{n-1} = np$$

また

$$E[X^2] = \sum_{k=0}^{n} k^2 \, {}_nC_k p^k q^{n-k} = \sum_{k=1}^{n} kn \, {}_{n-1}C_{k-1} p \cdot p^{k-1} q^{n-k}$$

$$= np \sum_{k=1}^{n} k \, {}_{n-1}C_{k-1} p^{k-1} q^{n-k}$$

$k - 1 = r$ とおくと

$$E[X^2] = np \sum_{r=0}^{n-1} (r+1) \, {}_{n-1}C_r p^r q^{n-1-r}$$

$$= np \Big( \sum_{r=0}^{n-1} r \, {}_{n-1}C_r p^r q^{n-1-r} + \sum_{r=0}^{n-1} {}_{n-1}C_r p^r q^{n-1-r} \Big)$$

括弧内の第1式は二項分布 $B(n-1, p)$ の平均を表すから，$(n-1)p$ で

あり，第2式は $(p+q)^{n-1}$ の展開式だから1に等しい．
よって
$$E[X^2] = np((n-1)p+1) = np(np+1-p) = np(np+q)$$
また，$E[X] = np$ だから
$$V[X] = E[X^2] - (E[X])^2 = np(np+q) - (np)^2 = npq \qquad //$$

---
**ポアソン分布の平均と分散**

ポアソン分布 $P_o(\lambda)$ の平均は $\lambda$，分散は $\lambda$

---

**証明** $P(X=k) = e^{-\lambda} \dfrac{\lambda^k}{k!} \quad (k=0, 1, 2, \cdots)$ より

$$E[X] = \sum_{k=0}^{\infty} k e^{-\lambda} \frac{\lambda^k}{k!} = \sum_{k=1}^{\infty} k e^{-\lambda} \frac{\lambda^k}{k!} = \sum_{k=1}^{\infty} e^{-\lambda} \lambda \frac{\lambda^{k-1}}{(k-1)!}$$
$$= e^{-\lambda} \lambda \left(1 + \frac{\lambda}{1!} + \frac{\lambda^2}{2!} + \cdots \right) = e^{-\lambda} \lambda e^{\lambda} = \lambda$$
$$E[X^2] = \sum_{k=0}^{\infty} k^2 e^{-\lambda} \frac{\lambda^k}{k!} = \sum_{k=1}^{\infty} k(k-1) e^{-\lambda} \frac{\lambda^k}{k!} + \sum_{k=1}^{\infty} k e^{-\lambda} \frac{\lambda^k}{k!}$$
$$= \lambda^2 e^{-\lambda} \sum_{k=2}^{\infty} \frac{\lambda^{k-2}}{(k-2)!} + \lambda = \lambda^2 e^{-\lambda} e^{\lambda} + \lambda = \lambda^2 + \lambda$$

よって $V[X] = E[X^2] - (E[X])^2 = \lambda^2 + \lambda - \lambda^2 = \lambda \qquad //$

正規分布については，次の公式が重要である．
$$\int_{-\infty}^{\infty} e^{-t^2} dt = \sqrt{\pi} \qquad (1)$$

(1) を用いれば，まず
$$\int_{-\infty}^{\infty} \frac{1}{\sqrt{2\pi}\sigma} \exp\left(-\frac{(x-\mu)^2}{2\sigma^2}\right) dx \underset{\frac{x-\mu}{\sqrt{2}\sigma}=t}{=} \frac{1}{\sqrt{\pi}} \int_{-\infty}^{\infty} e^{-t^2} dt = 1$$

すなわち

$$f(x) = \frac{1}{\sqrt{2\pi}\sigma} \exp\left(-\frac{(x-\mu)^2}{2\sigma^2}\right)$$

は確率密度関数であることがわかる．

---— 正規分布の平均と分散 —

正規分布 $N(\mu, \sigma^2)$ の平均は $\mu$，分散は $\sigma^2$

---

**証明** $\displaystyle E[X-\mu] = \int_{-\infty}^{\infty} (x-\mu) \frac{1}{\sqrt{2\pi}\sigma} \exp\left(-\frac{(x-\mu)^2}{2\sigma^2}\right) dx$

$\displaystyle \underset{\underset{\frac{x-\mu}{\sqrt{2}\sigma}=t}{\uparrow}}{=} \sqrt{\frac{2}{\pi}}\sigma \int_{-\infty}^{\infty} t\, e^{-t^2}\, dt$

$\displaystyle \underset{\underset{te^{-t^2}\text{ は奇関数}}{\uparrow}}{=} 0$

一方，$E[X-\mu] = E[X] - \mu$ となるから

$$E[X] - \mu = 0 \quad \text{すなわち} \quad E[X] = \mu$$

また，$V[X] = E[(X-\mu)^2]$ だから

$\displaystyle V[X] = \int_{-\infty}^{\infty} (x-\mu)^2 \frac{1}{\sqrt{2\pi}\sigma} \exp\left(-\frac{(x-\mu)^2}{2\sigma^2}\right) dx$

$\displaystyle \underset{\underset{\frac{x-\mu}{\sqrt{2}\sigma}=t}{\uparrow}}{=} \frac{2\sigma^2}{\sqrt{\pi}} \int_{-\infty}^{\infty} t^2\, e^{-t^2}\, dt$

$\displaystyle = \frac{2\sigma^2}{\sqrt{\pi}} \left( \left[-\frac{1}{2} t\, e^{-t^2}\right]_{-\infty}^{\infty} + \frac{1}{2} \int_{-\infty}^{\infty} e^{-t^2}\, dt \right)$

第1項については，ロピタルの定理を用いて

$$\lim_{t \to \pm\infty} \frac{-t}{2e^{t^2}} = \lim_{t \to \pm\infty} \frac{-1}{4te^{t^2}} = 0$$

よって $\displaystyle V[X] = \frac{\sigma^2}{\sqrt{\pi}} \int_{-\infty}^{\infty} e^{-t^2}\, dt = \frac{\sigma^2}{\sqrt{\pi}} \cdot \sqrt{\pi} = \sigma^2$ //

# §3 回帰分析

## 3・1 回帰モデル

48ページで考えたように，変量 $y$ が変量 $x$ で説明され，それらの変量のデータ $(x_1, y_1), (x_2, y_2), \cdots, (x_n, y_n)$ の散布図をかくと，これらのデータが1本の直線上あるいはその付近に散らばっている場合がある．このようなデータは，次のように表すことができる．

$$y_i = \alpha + \beta x_i + \varepsilon_i \quad (i = 1, 2, \cdots, n) \tag{1}$$

ただし，$\alpha$, $\beta$ は定数で，$\varepsilon_i$ は各データが直線 $y = \alpha + \beta x$ から離れている部分を表している．これを**誤差項**という．また，変量 $x$ を**独立変数**，変量 $y$ を**従属変数**という．

(1)のようなデータが抽出された母集団について，直線 $y = \alpha + \beta x$ を変量 $x$, $y$ の真の関係とみなし，誤差項は偶然によって生じる確率変数と考えることにする．これを $\mathcal{E}_i$ とおくと，(1) より

$$Y_i = \alpha + \beta X_i + \mathcal{E}_i \quad (i = 1, 2, \cdots, n) \tag{2}$$

ただし，$(X_1, Y_1), (X_2, Y_2), \cdots, (X_n, Y_n)$ は母集団からの無作為標本である．また，誤差項 $\mathcal{E}_i$ は，互いに独立に平均 0，分散 $\sigma^2$ の正規分布に従うものとする．(2) は**回帰モデル**，$\alpha$, $\beta$ は**回帰係数**といわれる．

(注) (2)では，独立変数は1個である．このとき，**単回帰モデル**という．これに対して，独立変数が2個以上あるとき，**重回帰モデル**という．

回帰係数や誤差項の分散の値は実際には未知だから，これについて推定や検定を行うのが**回帰分析**である．

通常の回帰分析では，独立変数 $X_i$ はすでに確定した値 $x_i$ をとり，したがって，確率変数とは考えない．このとき，従属変数 $Y$ の平均は

$$E[Y_i] = \alpha + \beta x_i + E[\mathcal{E}_i] = \alpha + \beta x_i$$

最小 2 乗法を用いて，未知の回帰係数 $\alpha$, $\beta$ の値をデータから推定しよう．

独立変数の確定値 $x_i$ ($i = 1, 2, \cdots, n$) と確定値それぞれに対する無作為標本 $Y_i$ ($i = 1, 2, \cdots, n$) から推定した $\alpha$, $\beta$ の推定量を $\widehat{\alpha}$, $\widehat{\beta}$ とすると，50 ページの (6) から

$$\widehat{\beta} = \frac{s_{xY}}{s_x{}^2} = \frac{\displaystyle\sum_{i=1}^{n}(x_i - \overline{x})(Y_i - \overline{Y})}{\displaystyle\sum_{i=1}^{n}(x_i - \overline{x})^2}, \quad \widehat{\alpha} = \overline{Y} - \widehat{\beta}\overline{x} \tag{3}$$

(3) を**最小 2 乗推定量**といい，(3) において $Y_i$ にその実現値 $y_i$ を代入したものを**最小 2 乗推定値**という．最小 2 乗推定量 $\widehat{\alpha}$, $\widehat{\beta}$ はそれぞれ $\alpha$, $\beta$ の不偏推定量であることが知られている．

また，$\widehat{\alpha}$, $\widehat{\beta}$ を用いて表される直線

$$y = \widehat{\alpha} + \widehat{\beta}x \tag{4}$$

を**回帰直線**といい，その方程式を**回帰方程式**という．

$\widehat{\alpha}$ と $\widehat{\beta}$ の分散については

$$V[\widehat{\alpha}] = \frac{\sigma^2 \displaystyle\sum_{i=1}^{n} x_i^2}{n\displaystyle\sum_{i=1}^{n}(x_i - \overline{x})^2}, \quad V[\widehat{\beta}] = \frac{\sigma^2}{\displaystyle\sum_{i=1}^{n}(x_i - \overline{x})^2} \tag{5}$$

となることが証明される．

次に，誤差項 $\mathcal{E}_i$ の分散 $\sigma^2$ の推定量について考えよう．

独立変数 $X$ の確定値 $x_i$ ($i = 1, 2, \cdots, n$) を回帰方程式 (4) に代入して得られる従属変数の値を $\widehat{Y}_i$ とすると

$$\widehat{Y}_i = \widehat{\alpha} + \widehat{\beta}x_i \quad (i = 1, 2, \cdots, n)$$

である．標本 $Y_i$ と $\widehat{Y}_i$ との隔たり $Y_i - \widehat{Y}_i$ を**残差**という．

このとき，残差の平方和 $\sum_{i=1}^{n}(Y_i - \widehat{Y}_i)^2$ の平均は

$$E\left[\sum_{i=1}^{n}(Y_i - \widehat{Y}_i)^2\right] = (n-2)\sigma^2$$

となることが知られている．したがって

$$\widehat{\sigma}^2 = \frac{1}{n-2}\sum_{i=1}^{n}(Y_i - \widehat{Y}_i)^2 \tag{6}$$

は誤差項の分散 $\sigma^2$ の不偏推定量である．

$\widehat{\alpha}$ と $\widehat{\beta}$ の分散 (5) に含まれる $\sigma^2$ を (6) で置き換え，正の平方根をとった $\widehat{\alpha}$ と $\widehat{\beta}$ の標準偏差の推定量を，それぞれ $SE[\widehat{\alpha}]$, $SE[\widehat{\beta}]$ で表す．

$$SE[\widehat{\alpha}] = \sqrt{\frac{\widehat{\sigma}^2 \sum_{i=1}^{n} x_i^2}{n\sum_{i=1}^{n}(x_i - \overline{x})^2}}, \quad SE[\widehat{\beta}] = \sqrt{\frac{\widehat{\sigma}^2}{\sum_{i=1}^{n}(x_i - \overline{x})^2}} \tag{7}$$

これらを $\widehat{\alpha}$ と $\widehat{\beta}$ の**標準誤差**という．

---

**例題 1**　次の表のデータに回帰モデル

$$Y_i = \alpha + \beta x_i + \mathcal{E}_i \quad (i = 1, 2, \cdots, 10)$$

を当てはめるとき，$\alpha$, $\beta$ の最小 2 乗推定値 $\widehat{\alpha}$, $\widehat{\beta}$ と誤差項の分散の推定値 $\widehat{\sigma}^2$ を求めよ．

| $x$ | $-4$ | $-3$ | $-2$ | $-1$ | $0$ | $1$ | $2$ | $3$ | $4$ | $5$ |
|---|---|---|---|---|---|---|---|---|---|---|
| $y$ | 0.700 | 0.722 | 3.244 | 5.276 | 6.198 | 7.733 | 4.816 | 7.766 | 10.095 | 8.913 |

**解**　$\overline{x} = 0.500$, $\overline{y} = 5.546$, $s_{xy} = \overline{xy} - \overline{x}\,\overline{y} = 8.115$, $s_x^2 = \overline{x^2} - \overline{x}^2 = 8.25$

したがって　$\widehat{\beta} = \dfrac{s_{xy}}{s_x^2} = \dfrac{8.115}{8.25} \fallingdotseq 0.984$, $\widehat{\alpha} = \overline{y} - \widehat{\beta}\,\overline{x} \fallingdotseq 5.054$

また　$\widehat{\sigma}^2 = \dfrac{1}{8}\sum_{i=1}^{10}\{y_i - (5.054 + 0.984 x_i)\}^2 = \dfrac{15.011}{8} \fallingdotseq 1.876$　//

(注) 標本分散 $s_x^2$ と共分散 $s_{xy}$ のかわりに，不偏分散 $u_x^2$ および

$$u_{xy} = \frac{1}{n-1} \sum_{i=1}^{n} (x_i - \overline{x})(y_i - \overline{y})$$

を用いることもある．この場合は，$\widehat{\beta} = \dfrac{u_{xy}}{u_x^2}$ となる．

**問 1** 8個の組 $(x_i, y_i)$ について，$x_i,\ y_i,\ x_i^2,\ y_i^2,\ x_i y_i$ の和はそれぞれ
62.7, 72.2, 518.8, 696.1, 595.8
であった．$x$ を独立変数，$y$ を従属変数とする回帰モデルを当てはめるとき，推定値 $\widehat{\alpha},\ \widehat{\beta},\ \widehat{\sigma}^2$ を求めよ．

回帰モデルによって実際の従属変数 $y_i$ の動きをどの程度説明できているかを考えよう．$y_i$ の変動 $\sum_{i=1}^{n} (y_i - \overline{y})^2$ は，$\widehat{y_i} = \widehat{\alpha} + \widehat{\beta} x_i$ とおくとき，次のように2つの変動の和に分解できることが知られている．

$$\sum_{i=1}^{n} (y_i - \overline{y})^2 = \sum_{i=1}^{n} (\widehat{y_i} - \overline{y})^2 + \sum_{i=1}^{n} (y_i - \widehat{y_i})^2 \qquad (8)$$

(8) の右辺の第1項は，$y_i$ の変動のうちモデルによって説明される部分であり，この部分の $y_i$ の変動に対する比率を $R^2$ と書き，**決定係数**という．

$$R^2 = \frac{\sum_{i=1}^{n} (\widehat{y_i} - \overline{y})^2}{\sum_{i=1}^{n} (y_i - \overline{y})^2} = 1 - \frac{\sum_{i=1}^{n} (y_i - \widehat{y_i})^2}{\sum_{i=1}^{n} (y_i - \overline{y})^2}$$

(6) より，(8) の右辺の第2項は $(n-2)\widehat{\sigma}^2$ と表されるから

$$R^2 = 1 - \frac{(n-2)\widehat{\sigma}^2}{n s_y^2} \qquad (\widehat{\sigma}^2 \text{は誤差項の分散の推定値}) \qquad (9)$$

$R^2$ のとりうる範囲は $0 \leqq R^2 \leqq 1$ であり，1に近いほど，モデルがデータをよく説明しているといってよい．

**例 1** 例題1について　$s_y^2 = 9.483,\ R^2 = 1 - \dfrac{8 \times 1.876}{10 \times 9.483} \fallingdotseq 0.842$

**問 2** 問1について，決定係数 $R^2$ を求めよ．

## 3・2 回帰係数の検定

137 ページで述べた誤差項の仮定より,次のことが成り立つ.

──────── $\widehat{\sigma}^2$, $\widehat{\alpha}$, $\widehat{\beta}$ の分布 ────────

(I) $\dfrac{(n-2)\widehat{\sigma}^2}{\sigma^2}$ は自由度 $n-2$ の $\chi^2$ 分布に従う.

(II) $\widehat{\alpha}$, $\widehat{\beta}$ はそれぞれ次の正規分布に従う.

$$N\left(\alpha,\ \frac{\sigma^2 \sum_{i=1}^{n} x_i^2}{n\sum_{i=1}^{n}(x_i-\overline{x})^2}\right),\quad N\left(\beta,\ \frac{\sigma^2}{\sum_{i=1}^{n}(x_i-\overline{x})^2}\right)$$

(III) $\widehat{\alpha}$, $\widehat{\beta}$ は $\widehat{\sigma}^2$ と独立である.

上の (II) より,$\widehat{\beta}$ を標準化した確率変数

$$Z=\left(\widehat{\beta}-\beta\right)\bigg/\sqrt{\sigma^2\bigg/\sum_{i=1}^{n}(x_i-\overline{x})^2}$$

は標準正規分布に従うが,$\sigma^2$ は未知だから,これを 139 ページの推定量 $\widehat{\sigma}^2$ で置き換えた統計量は,(I), (III) のもとで,自由度 $n-2$ の $t$ 分布に従う.

$\widehat{\alpha}$ を標準化した統計量についても同様に考え,次の公式が得られる.

──────── 回帰係数の検定統計量の分布 ────────

次の 2 つの統計量はともに自由度 $n-2$ の $t$ 分布に従う.

$$\frac{\widehat{\alpha}-\alpha}{SE[\widehat{\alpha}]},\quad \frac{\widehat{\beta}-\beta}{SE[\widehat{\beta}]}$$

ただし,$SE[\widehat{\alpha}]$ と $SE[\widehat{\beta}]$ はそれぞれ $\widehat{\alpha}$, $\widehat{\beta}$ の標準誤差である.

上の公式を用いると,回帰係数 $\alpha$, $\beta$ の推定,検定を行うことができる.

$\beta=0$ のとき,$\beta$ を係数とする独立変数 $x_i$ は 137 ページのモデル (2) には必要ないことになるため,特に $\beta=0$ の検定が重要となる.

そこで，次の仮説の検定を考え，帰無仮説 $H_0$ および対立仮説 $H_1$ を次のようにおく．

$$H_0 : \beta = 0, \quad H_1 : \beta \neq 0$$

$H_0$ が正しいと仮定したとき，$\dfrac{\widehat{\beta} - 0}{SE[\widehat{\beta}]}$ は自由度 $n - 2$ の $t$ 分布に従う．有意水準を $\alpha$ とすると，$H_1$ の形から両側検定となるから棄却域は

$$\left| \frac{\widehat{\beta}}{SE[\widehat{\beta}]} \right| \geq t_{n-2}(\alpha/2) \tag{1}$$

である．

---

### 例題 2

下の表は，ある会社の 10 箇所の販売店の従業員数 $x$ (人) と年間売上高 $y$ (億円) のデータである．

$y$ と $x$ の関係を回帰モデル $Y_i = \alpha + \beta x_i + \mathcal{E}_i$ で考えるとき，有意水準 5% のもとで $H_0 : \beta = 0$, $H_1 : \beta \neq 0$ の検定を行え．

| $x$ | 1 | 2 | 4 | 5 | 6 | 7 | 8 | 8 | 9 | 10 |
|---|---|---|---|---|---|---|---|---|---|---|
| $y$ | 3 | 4 | 5 | 6 | 7 | 7 | 8 | 9 | 9 | 12 |

**解** $\overline{x} = 6.0$, $\overline{y} = 7.0$, $s_x^2 = 8.0$, $s_{xy} = 6.9$, $s_y^2 = 6.4$

これから $\widehat{\beta} = 0.8625$, $\widehat{\alpha} = 1.825$

また $\widehat{\sigma}^2 = \dfrac{1}{8} \sum_{i=1}^{10} \{y_i - (1.825 + 0.8625 x_i)\}^2 = 0.5609$

統計量 $\dfrac{\widehat{\beta}}{SE[\widehat{\beta}]}$ は，$H_0$ のもとで自由度 8 の $t$ 分布に従う．

実現値は $\dfrac{0.8625}{\sqrt{0.5609/80}} \fallingdotseq 10.30$

この値は $t_8(0.025) = 2.306$ より大きいから，仮説 $H_0$ は棄却される．

したがって，従業員数は売上高に関係しているといえる． //

**問 3**　ある化学物質の合成工程における原料中の成分 $A$ の含有量 $x$ と収率 $y$ について，次のデータを得た．

| 含有量 $x$ | 2.2 | 4.1 | 5.5 | 1.9 | 3.4 | 2.6 | 4.2 | 3.7 |
|---|---|---|---|---|---|---|---|---|
| 収率 $y$ | 71 | 81 | 86 | 72 | 77 | 73 | 80 | 81 |

$y$ と $x$ の関係を単回帰モデル $Y_i = \alpha + \beta x_i + \mathcal{E}_i$ $(i = 1, 2, \cdots, 8)$ で考えるとき，以下の問いに答えよ．

(1) $\alpha$ と $\beta$ の最小 2 乗推定値を計算し，回帰直線を求めよ．
(2) 決定係数 $R^2$ を求めよ．
(3) 有意水準 5% のもとで
$$H_0 : \beta = 0, \quad H_1 : \beta \neq 0$$
の検定を行え．


単回帰モデル
$$Y_i = \alpha + \beta x_i + \mathcal{E}_i \quad (i = 1, 2, \cdots, n) \tag{2}$$

は，変量 $y$ が変量 $x$ の直線的な関係で説明されることを前提としている．$x, y$ の関係が直線的でない場合，たとえば右上図の場合，回帰係数の推定値および決定係数を求めると，$\widehat{\alpha} = 3.081$, $\widehat{\beta} = 2.973$, $R^2 = 0.677$ となり，(2) はデータをよく説明しているとはいえない．このような場合，変量 $x, y$ に適当な変換を施すと，直線的な関係が得られることがある．上の例では
$$z = \log y$$
とすると，決定係数 $R^2 = 0.998$ となる．

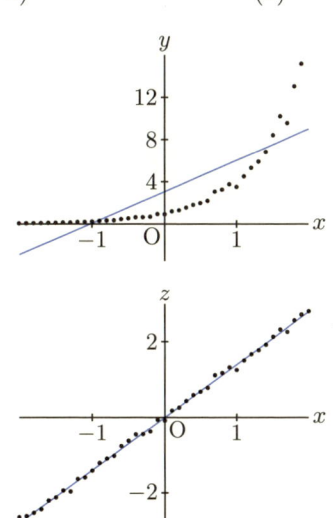

### 3・3 重回帰モデル

これまでは独立変数が 1 つの単回帰モデルについて考えてきたが，実際は複数の変量が従属変数に影響することが多い．たとえば従属変数 $y$ が気温の場合，気温に影響するものとして測定地点の緯度 $x_1$，経度 $x_2$，高度 $x_3$ などが考えられる．ここでは，独立変数が 2 つ以上の**重回帰モデル**について考えよう．重回帰モデルは，$n > k + 1$ とするとき

$$Y_i = \beta_0 + \beta_1 x_{1i} + \beta_2 x_{2i} + \cdots + \beta_k x_{ki} + \mathcal{E}_i \tag{1}$$
$$(i = 1, 2, \cdots, n)$$

と表される．ここで，$\mathcal{E}_i\ (i = 1, 2, \cdots, n)$ は誤差項であり，互いに独立に正規分布 $N(0, \sigma^2)$ に従うなど単回帰モデルの場合と同様の仮定をおく．また，たとえば $x_{1i}$ は，独立変数 $x_1$ の $i$ 番目のデータを表す．重回帰モデルの回帰係数や誤差項の分散について推定，検定などの統計解析を行うことを**重回帰分析**という．

回帰係数の最小 2 乗推定量 $\widehat{\beta}_j\ (j = 0, 1, \cdots, k)$ は，単回帰モデルの場合と同様に

$$\sum_{i=1}^{n}(Y_i - (\beta_0 + \beta_1 x_{1i} + \beta_2 x_{2i} + \cdots + \beta_k x_{ki}))^2$$

を最小にする $\beta_j\ (j = 0, 1, \cdots, k)$ を求めることによって得られ，誤差項の仮定のもとで $\widehat{\beta}_j$ は $\beta_j$ の不偏推定量となることが知られている．

また，誤差項 $\mathcal{E}_i$ の分散 $\sigma^2$ の推定量 $\widehat{\sigma}^2$ は

$$\widehat{\sigma}^2 = \frac{1}{n - (k + 1)} \sum_{i=1}^{n}(Y_i - \widehat{Y}_i)^2 \tag{2}$$

ただし $\widehat{Y}_i = \widehat{\beta}_0 + \widehat{\beta}_1 x_{1i} + \widehat{\beta}_2 x_{2i} + \cdots + \widehat{\beta}_k x_{ki}$

で与えられる．$n - (k + 1)$ で割っているのは $k + 1$ 個の未知の回帰係数を推定したことによるものであり，(2) は $\sigma^2$ の不偏推定量になっている．

単回帰モデルと同様に，重回帰モデルの場合の決定係数も定められるが，

決定係数は独立変数の数を増加させるに従って大きくなる．したがって，独立変数の数が多いほどモデルをよく説明していることになってしまう．このことを避けるために考えられたものが**自由度調整済み決定係数** $\overline{R}^2$ であり，独立変数の数を $k$，データの数を $n$ とすると $\overline{R}^2$ は次の式で定められる．

$$\overline{R}^2 = 1 - \frac{\dfrac{1}{n-(k+1)}\sum_{i=1}^{n}(y_i - \widehat{y_i})^2}{\dfrac{1}{n-1}\sum_{i=1}^{n}(y_i - \overline{y})^2} \tag{3}$$

ただし $\widehat{y_i} = \widehat{\beta_0} + \widehat{\beta_1} x_{1i} + \widehat{\beta_2} x_{2i} + \cdots + \widehat{\beta_k} x_{ki}$

モデル (1) の回帰係数 $\beta_j$ $(j = 0, \cdots, k)$ に対する仮説

$$\mathrm{H}_0 : \beta_j = 0, \quad \mathrm{H}_1 : \beta_j \neq 0$$

の検定について説明しよう．これは，第 $j$ 番目の独立変数 $x_j$ の係数 $\beta_j$，または定数項 $\beta_0$ が 0 であるかどうかを検定するものである．たとえば $\mathrm{H}_0 : \beta_1 = 0$ が正しければ，モデル (1) は

$$Y_i = \beta_0 + 0 \times x_{1i} + \beta_2 x_{2i} + \cdots + \beta_k x_{ki} + \mathcal{E}_i$$

となり，独立変数 $x_1$ をモデルから取り除くことができる．

この仮説の検定は，次の公式によって単回帰分析のときと同様に $t$ 分布を用いて行うことができる．

---
**重回帰モデルの回帰係数の検定統計量**

統計量 $\dfrac{\widehat{\beta_j} - \beta_j}{SE[\widehat{\beta_j}]}$ は自由度 $n-(k+1)$ の $t$ 分布に従う．ただし，$SE[\widehat{\beta_j}]$ は $\widehat{\beta_j}$ の標準誤差である．

---

重回帰分析における計算は相当な量になるため，コンピュータの統計ツールなどを用いて行うのが普通である．ここでは，R という統計解析のためのフリーソフトウェアを用いる方法を次の例によって示そう．

右の表は東京のある駅の徒歩圏内の中古マンションに関するデータである．ここで，$x_1$ は広さ（単位 m²），$x_2$ は築年数（単位 年数），$y$ は価格（単位 千万円）である．

| $i$ | $x_{1i}$ | $x_{2i}$ | $y_i$ |
|---|---|---|---|
| 1 | 51 | 16 | 3.0 |
| 2 | 38 | 4 | 3.2 |
| 3 | 57 | 16 | 3.3 |
| 4 | 51 | 11 | 3.9 |
| 5 | 53 | 4 | 4.4 |
| 6 | 77 | 22 | 4.5 |
| 7 | 63 | 5 | 4.5 |
| 8 | 69 | 5 | 5.4 |
| 9 | 72 | 2 | 5.4 |
| 10 | 73 | 1 | 6.0 |

$y$ を従属変数とする重回帰モデル
$$Y_i = \beta_0 + \beta_1 x_{1i} + \beta_2 x_{2i} + \mathcal{E}_i$$
$$i = 1, 2, \cdots, 10$$
を考えて，次の手順で重回帰分析を行う．

(1) データを変数に代入する．

   X1 <- c(51,38,57,51,53,77,63,69,72,73)

   X2 <- c(16,4,16,11,4,22,5,5,2,1)

   Y <- c(3.0,3.2,3.3,3.9,4.4,4.5,4.5,5.4,5.4,6.0)

(2) $y$ を従属変数，$x_1$, $x_2$ を独立変数として重回帰分析を行う．

   Out <- lm(Y~X1+X2)

(3) summary(Out) により，次のような結果が表示される．

|  | 推定値 | 標準誤差 | $t$ | $p$ 値 |  |
|---|---|---|---|---|---|
| 切片 | 1.020130 | 0.443624 | 2.300 | 0.055029 | . |
| X1 | 0.066805 | 0.007065 | 9.456 | 3.09e-05 | *** |
| X2 | -0.080830 | 0.012241 | -6.603 | 0.000303 | *** |

記号: '***' 0.001　'**' 0.01　'*' 0.05　'.' 0.1

決定係数: 0.9484, 自由度調整済み決定係数: 0.9336

これから，推定された回帰方程式は
$$y = 1.0201 + 0.0668 x_1 - 0.0808 x_2$$
また，帰無仮説「$\beta_1 = 0$」と「$\beta_2 = 0$」は，有意水準 1％ でも 5％ でも棄却される．したがって，変数 $x_1$, $x_2$ は回帰モデルに必要である．

# 解 答

## 1章

### §1 (p.1〜10)

**問1** $P(A) = \dfrac{1}{4}$, $P(B) = \dfrac{3}{13}$

**問2** $\dfrac{3}{8}$

**問3** $\dfrac{1}{3}$

**問4** $\dfrac{1}{9}$

**問5** $\dfrac{10}{21}$

**問6** $\dfrac{1}{10}$

**問7** $\dfrac{5}{9}$

**問8** (1) 順に 0.486, 0.487, 0.486, 0.487, 0.487, 0.487, 0.487, 0.486, 0.487, 0.487 (2) 0.487

**問9** (1) 順に，ハートの絵札が出る事象，ハート以外の札が出る事象，絵札でないハートが出る事象，絵札またはハート以外の札が出る事象
(2) 絵札でないスペードが出る事象など

**問10** (1) $\dfrac{5}{36}$ (2) $\dfrac{1}{9}$ (3) $\dfrac{1}{4}$

**問11** (1) $\dfrac{1}{6}$ (2) $\dfrac{5}{6}$

**問12** (1) $\dfrac{8}{15}$ (2) $\dfrac{23}{30}$ (3) $\dfrac{4}{5}$

**問13** 1

**問14** 200 円

**問15** (1) $\dfrac{1}{6}$ (2) $\dfrac{1}{6}$ (3) $\dfrac{35}{18}$

### 練習問題 1-A (p.11)

**1.** $\dfrac{2}{5}$

**2.** (1) $\dfrac{4}{9}$ (2) $\dfrac{1}{3}$ (3) $\dfrac{8}{9}$

**3.** $\dfrac{1}{4}$

**4.** $\dfrac{2}{3}$

**5.** 6 の目が 3, 2, 1 個出る場合の数を計算せよ．（それぞれ 1 通り, 15 通り, 75 通り）$\dfrac{91}{216}$

**6.** $\dfrac{47}{442}$

**7.** 7

### 練習問題 1-B (p.12)

**1.** (1) $\dfrac{1}{6}$ (2) $\dfrac{5}{12}$
(3) $A_k$ が起こる場合は
大（小）$k$, 小（大）1, 2, $\cdots$, $k-1$
の $2(k-1)$ 通りであることを用いよ．
$P(A_k) = \dfrac{k-1}{18}$ ($k = 1, 2, \cdots, 6$)

**2.** (1) 加法定理を用いよ．$\dfrac{7}{12}$
(2) $(A \cap B) \cup (A \cap \overline{B}) = A$,
$(A \cap B) \cap (A \cap \overline{B}) = \phi$ だから
$P(A \cap \overline{B}) = P(A) - P(A \cap B) = \dfrac{1}{4}$
(3) ド・モルガンの法則により

$\overline{A \cap \overline{B}} = \overline{A} \cup B$ だから
$P(\overline{A} \cup B) = P(\overline{A \cap \overline{B}})$
$= 1 - P(A \cap \overline{B}) = \dfrac{3}{4}$

3. $P(A \cup B \cup C) = P((A \cup B) \cup C)$
$= P(A \cup B) + P(C) - P((A \cup B) \cap C)$
$= P(A) + P(B) - P(A \cap B) + P(C)$
$\quad - P((A \cap C) \cup (B \cap C))$
$= P(A) + P(B) - P(A \cap B) + P(C)$
$\quad - (P(A \cap C) + P(B \cap C)$
$\quad\quad - P((A \cap C) \cap (B \cap C)))$
$= P(A) + P(B) - P(A \cap B) + P(C) -$
$P(A \cap C) - P(B \cap C) + P(A \cap B \cap C)$

4. 前題を用いよ. $\dfrac{37}{50}$

5. 受け取る賞金の期待値は
$100 \times \dfrac{30}{56} + 200 \times \dfrac{15}{56} + 300 \times \dfrac{1}{56}$
$= 112.5$

これは参加料 120 円より少ないから, このゲームに参加することは不利である.

## §2 (p.13〜25)

問1 $\dfrac{3}{8}, \dfrac{5}{18}$

問2 (1) $\dfrac{1}{4}$ (2) $\dfrac{1}{3}$ (3) $\dfrac{1}{12}$

問3 $\dfrac{21}{125} = 0.168$

問4 (1) $\dfrac{1}{5}$ (2) $\dfrac{1}{5}$ (3) $\dfrac{1}{285}$
(4) $\dfrac{8}{285}$ (5) $\dfrac{1}{5}$

問5 順に, 独立, 独立でない

問6 (1) $\dfrac{9}{16}$ (2) $\dfrac{15}{28}$

問7 $\dfrac{40}{243}$

問8 (1) $\dfrac{5}{16}$ (2) $\dfrac{63}{64}$

問9 $\dfrac{6}{7}$

問10 (1) 0.0145 $\left(\dfrac{29}{2000}\right)$
(2) 順に 0.345, 0.310, 0.345
$\left(\dfrac{10}{29}, \dfrac{9}{29}, \dfrac{10}{29}\right)$

## 練習問題 2-A (p.26)

1. (1) $\dfrac{1}{4}$ (2) $\dfrac{5}{8}$

2. (1) $\dfrac{1}{243}$ (2) $\dfrac{10}{243}$ (3) $\dfrac{232}{243}$

3. (1) $\dfrac{4}{15}$ (2) $\dfrac{1}{3}$ (3) $\dfrac{3}{5}$

4. $\dfrac{3}{88}$

5. $\dfrac{9}{14}$

## 練習問題 2-B (p.27)

1. $P(A \cap \overline{B}) = P(A) P_A(\overline{B})$
$= P(A)(1 - P_A(B))$
$= P(A)(1 - P(B)) = P(A) P(\overline{B})$

2. (1) $P_V(U) = \dfrac{1}{2} = P(U)$ だから, $U$ と $V$ は互いに独立. $U$ と $W$ も同様.
(2) 正しくない. B は, 両方とも 3 以下と両方とも 4 以上の場合に偶数と答え, それ以外の場合に奇数と答えるようにすると, 当たる確率が $\dfrac{5}{9}$ になって有利になる.

3. 奇数の目が偶数の目より 2 回多く出

解　答　149

るということだから，奇数の目が4回，偶数の目が2回出る場合である．

$${}_6C_2\left(\frac{1}{2}\right)^4\left(\frac{1}{2}\right)^2 = \frac{15}{64}$$

**4.** (1) Aが当たる確率は

$$\frac{3}{10} + \frac{7}{10}\cdot\frac{6}{9}\cdot\frac{5}{8}\cdot\frac{3}{7}$$
$$+ \frac{7}{10}\cdot\frac{6}{9}\cdot\frac{5}{8}\cdot\frac{4}{7}\cdot\frac{3}{6}\cdot\frac{2}{5}\cdot\frac{3}{4}$$
$$= \frac{9}{20}$$

Bが当たる確率は

$$\frac{7}{10}\cdot\frac{3}{9} + \frac{7}{10}\cdot\frac{6}{9}\cdot\frac{5}{8}\cdot\frac{4}{7}\cdot\frac{3}{6}$$
$$+ \frac{7}{10}\cdot\frac{6}{9}\cdot\frac{5}{8}\cdot\frac{4}{7}\cdot\frac{3}{6}\cdot\frac{2}{5}\cdot\frac{1}{4}\cdot\frac{3}{3}$$
$$= \frac{13}{40}$$

Cが当たる確率は

$$1 - \left(\frac{9}{20} + \frac{13}{40}\right) = \frac{9}{40}$$

(2) Aが当たる確率は

$$\frac{3}{10} + \left(\frac{7}{10}\right)^3\frac{3}{10} + \cdots$$
$$= \frac{\frac{3}{10}}{1-\left(\frac{7}{10}\right)^3} = \frac{100}{219}$$

Bが当たる確率は

$$\frac{7}{10}\cdot\frac{3}{10} + \left(\frac{7}{10}\right)^4\frac{3}{10} + \cdots$$
$$= \frac{\frac{7}{10}\cdot\frac{3}{10}}{1-\left(\frac{7}{10}\right)^3} = \frac{70}{219}$$

Cが当たる確率は

$$1 - \left(\frac{100}{219} + \frac{70}{219}\right) = \frac{49}{219}$$

**5.** ベイズの定理を用いよ．

$$\frac{0.001\times 0.98}{0.001\times 0.98 + 0.999\times 0.01}$$
$$= 0.089$$

# 2章

## §1 (p.28〜41)

**問1**

| 階級値 | 累積度数 | 累積相対度数 |
|---|---|---|
| 56 | 4 | 0.100 |
| 60 | 8 | 0.200 |
| 64 | 15 | 0.375 |
| 68 | 28 | 0.700 |
| 72 | 36 | 0.900 |
| 76 | 40 | 1.000 |

**問2**

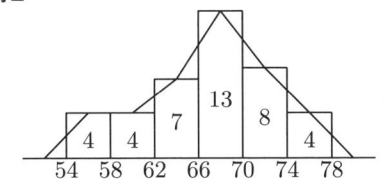

**問3** $\bar{x} = 66.9$

**問4** $\bar{x} = 980.8$

**問5** 平均 5.4　中央値 2.5

**問6** 68

**問7** 範囲 9　標準偏差 2.55

**問8** $\bar{x} = 1001.3$　$s_x = 1.85$

**問9** $\bar{x} = 162.6$　$s_x = 5.88$

**問10** 第1四分位数，中央値，第3四分位数はそれぞれ

　A 71, 76.5, 85　　B 60, 77, 88

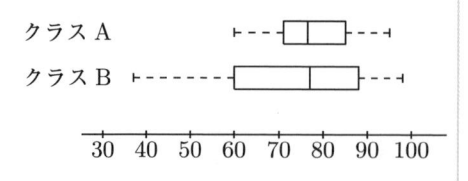

クラス A, クラス B の箱ひげ図（30〜100）

### 練習問題 1-A (p.42)

**1.** 階級数が 8 の場合

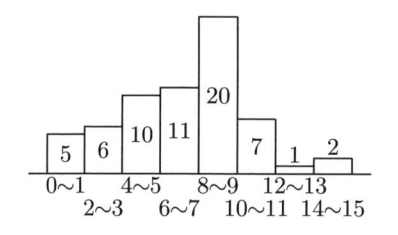

ヒストグラム: 5, 6, 10, 11, 20, 7, 1, 2（0〜1, 2〜3, 4〜5, 6〜7, 8〜9, 10〜11, 12〜13, 14〜15）

階級数が 4 の場合

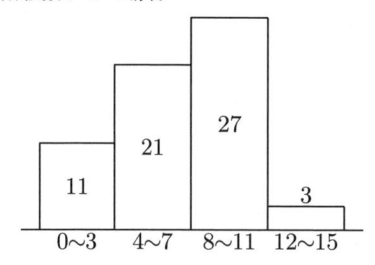

ヒストグラム: 11, 21, 27, 3（0〜3, 4〜7, 8〜11, 12〜15）

**2.** (1) 50 点　　(2) 60 点

**3.** (1) $\overline{u} = 0$　$s_u = 1$

(2) $\overline{h} = 50$　$s_h = 10$

**4.** $\overline{x} = 10.09$　　$v_x = 0.0169$

$s_x = 0.13$

**5.** $\overline{x} = 1185.71$　　$s_x = 160.83$

### 練習問題 1-B (p.43)

**1.** (1) $m = 4$　(2) 47.9

**2.** (1) $\overline{z} = \Big(\sum_{i=1}^{m+n} z_i\Big)\Big/(m+n)$

$= \Big(\sum_{i=1}^{m} x_i + \sum_{i=1}^{n} y_i\Big)\Big/(m+n)$

$= \dfrac{m\overline{x} + n\overline{y}}{m+n}$

(2) $v_z = \overline{z^2} - \overline{z}^2$

$= \Big(\sum_{i=1}^{m+n} z_i^2\Big)\Big/(m+n) - \overline{z}^2$

$= \Big(\sum_{i=1}^{m} x_i^2 + \sum_{i=1}^{n} y_i^2\Big)\Big/(m+n) - \overline{z}^2$

$= \dfrac{m(v_x + \overline{x}^2) + n(v_y + \overline{y}^2)}{m+n}$
$\quad - \Big(\dfrac{m\overline{x} + n\overline{y}}{m+n}\Big)^2$

$= \dfrac{(m+n)(mv_x + nv_y) + mn(\overline{x} - \overline{y})^2}{(m+n)^2}$

**3.** 小売店 0.407

スーパーマーケット 0.363

### §2 (p.44〜52)

**問 1**　0.946

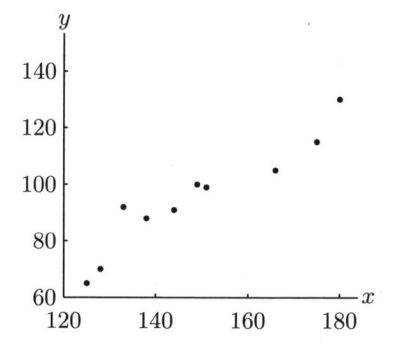

散布図 (x: 120〜180, y: 60〜140)

**問 2**　$y = 0.460x + 26.3$

**問 3**　(1)　$y = 10.367x + 0.580$

(2)　7.21 m

### 練習問題 2-A (p.53)

**1.** (1)

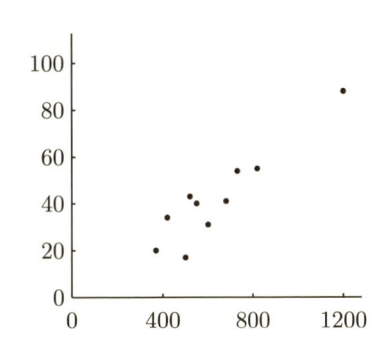

(2)　4084.3

(3)　0.927

(4)　$y = 0.0784x - 7.82$

**2.**　$y = 0.0041x + 0.0573$

**3.** (1)　$r = 0.997$

(2)　$y = 0.41x + 18.4$

(3)　$y = 38.9$

**4.**　$r = \dfrac{s_{xy}}{s_x s_y}$ より $s_{xy} = r s_x s_y$

これを $a = \dfrac{s_{xy}}{s_x^2}$ に代入せよ．

### 練習問題 2-B (p.54)

**1.** (1)　与式より

$$\frac{1}{n}\sum_{i=1}^{n}\left(\frac{x_i - \overline{x}}{s_x}\right)^2$$
$$- 2\frac{1}{n}\sum_{i=1}^{n}\frac{x_i - \overline{x}}{s_x}\frac{y_i - \overline{y}}{s_y}$$
$$+ \frac{1}{n}\sum_{i=1}^{n}\left(\frac{y_i - \overline{y}}{s_y}\right)^2 \geqq 0$$

$\dfrac{1}{n}\sum_{i=1}^{n}\left(\dfrac{x_i - \overline{x}}{s_x}\right)^2 = 1$ などに注意せよ．

(2) 等号が成り立つのは，すべての $i$ について

$\dfrac{x_i - \overline{x}}{s_x} - \dfrac{y_i - \overline{y}}{s_y} = 0$ となる場合

(3)　$\dfrac{1}{n}\sum_{i=1}^{n}\left(\dfrac{x_i - \overline{x}}{s_x} + \dfrac{y_i - \overline{y}}{s_y}\right)^2 \geqq 0$

を用いて，(1), (2) と同様にせよ．

等号が成り立つのは，すべてのデータ $(x_i, y_i)$ $(i = 1, 2, \cdots, n)$ が右下がりの直線 $y = -\dfrac{s_y}{s_x}(x - \overline{x}) + \overline{y}$ の上にある場合

**2.** データの数を $n$ とする．

$$s_{uv} = \frac{1}{n}\sum_{i=1}^{n}(u_i - \overline{u})(v_i - \overline{v})$$
$$= \frac{1}{n}\sum_{i=1}^{n}\left(\frac{x_i - a}{b} - \frac{\overline{x} - a}{b}\right)$$
$$\times \left(\frac{y_i - c}{d} - \frac{\overline{y} - c}{d}\right)$$
$$= \frac{1}{n}\sum_{i=1}^{n}\frac{x_i - \overline{x}}{b}\cdot\frac{y_i - \overline{y}}{d} = \frac{s_{xy}}{bd}$$

を用いよ．

**3.** 両辺の対数をとって

$$\log s = \log B + At$$

$y = \log s,\ x = t,\ a = A,\ b = \log B$

とおくと　$y = ax + b$

回帰係数 $a, b$ を求めればよい．

$a ≒ 1.00, b ≒ 0.70$ より

$A = 1.00, B = e^{0.70} = 2.01$

# 3章

## §1 (p.55〜75)

**問1** (1)

| $x$ | 1 | 2 | 3 | 4 | 5 | 6 | 計 |
|---|---|---|---|---|---|---|---|
| $P(X=x)$ | $\frac{1}{6}$ | $\frac{1}{6}$ | $\frac{1}{6}$ | $\frac{1}{6}$ | $\frac{1}{6}$ | $\frac{1}{6}$ | 1 |

(2)

| $y$ | 2 | 3 | 4 | 5 | 6 |
|---|---|---|---|---|---|
| $P(Y=y)$ | $\frac{1}{36}$ | $\frac{2}{36}$ | $\frac{3}{36}$ | $\frac{4}{36}$ | $\frac{5}{36}$ |

| 7 | 8 | 9 | 10 | 11 | 12 | 計 |
|---|---|---|---|---|---|---|
| $\frac{6}{36}$ | $\frac{5}{36}$ | $\frac{4}{36}$ | $\frac{3}{36}$ | $\frac{2}{36}$ | $\frac{1}{36}$ | 1 |

**問2** $E[X] = \frac{7}{2}$, $E[Y] = 7$

**問3** $E[X-1] = \frac{5}{2}$,

$E[(X-1)^2] = \frac{55}{6}$

**問4** 4

**問5** $V[X] = \frac{1}{2}$

**問6** $E[X] = 1.7$

$V[X] = 2.01$, $\sigma = 1.42$

**問7** (1) $E[Z] = \frac{1}{\sigma}(E[X] - \mu) = 0$

(2) $V[Z] = \frac{1}{\sigma^2}V[X] = 1$

**問8** $B\left(5, \frac{1}{3}\right)$ に従う.

| $k$ | 0 | 1 | 2 |
|---|---|---|---|
| $P(X=k)$ | $\frac{32}{243}$ | $\frac{80}{243}$ | $\frac{80}{243}$ |

| 3 | 4 | 5 | 計 |
|---|---|---|---|
| $\frac{40}{243}$ | $\frac{10}{243}$ | $\frac{1}{243}$ | 1 |

**問9** $B\left(10, \frac{1}{2}\right)$ に従う.

| $k$ | 0 | 1 | 2 |
|---|---|---|---|
| $P(X=k)$ | $\frac{1}{1024}$ | $\frac{10}{1024}$ | $\frac{45}{1024}$ |

| 3 | 4 | 5 | 6 |
|---|---|---|---|
| $\frac{120}{1024}$ | $\frac{210}{1024}$ | $\frac{252}{1024}$ | $\frac{210}{1024}$ |

| 7 | 8 | 9 | 10 | 計 |
|---|---|---|---|---|
| $\frac{120}{1024}$ | $\frac{45}{1024}$ | $\frac{10}{1024}$ | $\frac{1}{1024}$ | 1 |

**問10** 30回のとき

平均5, 分散 $\frac{25}{6}$, 標準偏差 $\frac{5\sqrt{6}}{6}$

60回のとき

平均10, 分散 $\frac{25}{3}$, 標準偏差 $\frac{5\sqrt{3}}{3}$

**問11** 平均15, 分散 $\frac{21}{2}$, 標準偏差 $\frac{\sqrt{42}}{2}$

**問12** 0.971

**問13** 0.036

**問14** 0.0902

**問15** $f(x) = \begin{cases} 1 & (0 < x < 1) \\ 0 & (x < 0, \ x > 1) \end{cases}$

**問16** $a = \frac{1}{2}$  (1) $\frac{3}{4}$  (2) $\frac{1}{4}$  (3) 1

問17 平均 $\frac{2}{3}$, 分散 $\frac{1}{18}$

問18 $E[X] = \int_a^b \frac{1}{b-a} x\,dx = \frac{a+b}{2}$
$E[X^2] = \int_a^b \frac{1}{b-a} x^2\,dx = \frac{a^2+ab+b^2}{3}$
を用いよ.

問19 (1) 0.9162 (2) 0.9750 (3) 0.0062
(4) 0.1498

問20 (1) 0.5160 (2) 0.2417 (3) 0.1980
(4) 0.8159 (5) 0.1314

問21 63 人

問22 729 点以上

問23 0.5212

問24 0.4634

### 練習問題 1-A (p.76)

**1.** (1) $P(X=k)$
$= {}_{10}C_k \left(\frac{1}{4}\right)^k \left(\frac{3}{4}\right)^{10-k}$
$(k = 0, 1, 2, \cdots, 10)$

(2) 0.5256

**2.** 故障する台数 $X$ は, 近似的に $P_o(1)$ に従う. 0.0190

**3.** $F(x) = \begin{cases} 0 & (x < 0 \text{ のとき}) \\ x & (0 \leqq x < 1 \text{ のとき}) \\ 1 & (x \geqq 1 \text{ のとき}) \end{cases}$

**4.** $a = \frac{1}{2}$, $E[X] = \frac{2}{3}$, $V[X] = \frac{2}{9}$

**5.** 341.4g と 358.6g

### 練習問題 1-B (p.77)

**1.** 正解の数を $X$ とする.

(1) $X$ の分布は $B\left(10, \frac{1}{5}\right)$ より
$P(X \geqq 5) = 1 - P(X \leqq 4)$
$= 1 - \sum_{k=0}^{4} {}_{10}C_k \left(\frac{1}{5}\right)^k \left(\frac{4}{5}\right)^{10-k}$
$= 0.0328$

(2) 正規分布で近似せよ.  0.0088

**2.** (1) 0.199

(2) 各試験管に入る菌の数を $X, Y, Z$ とすると, これらは独立に $P_o(3)$ に従う. 求める確率は
$P(X=0, Y=0, Z=0)$
$+ P(X=1, Y=0, Z=0)$
$+ P(X=0, Y=1, Z=0)$
$+ P(X=0, Y=0, Z=1)$
$= 10\,e^{-9} \fallingdotseq 0.001$

**3.** $Y$ の分布関数を $G(y)$, $F^{-1}$ を $F$ の逆関数とする. $0 < y < 1$ について
$G(y) = P(Y \leqq y) = P(F(X) \leqq y)$
$= P(X \leqq F^{-1}(y))$
$= F(F^{-1}(y)) = y$

### §2 (p.78〜91)

問1 

| $k$ | 2 | 5 | 8 | 10 | 13 | 18 |
|---|---|---|---|---|---|---|
| $P$ | $\frac{1}{9}$ | $\frac{2}{9}$ | $\frac{1}{9}$ | $\frac{2}{9}$ | $\frac{2}{9}$ | $\frac{1}{9}$ |

問2 $P(X_1 = 1) = \frac{1}{3}$, $P(X_2 = 2) = \frac{1}{3}$, $P(X_1 = 1, X_2 = 2) = \frac{1}{6}$

独立でない．

**問3** $E\left[\dfrac{X_1+X_2}{2}\right]=2$

$E[X_1X_2]=4$

**問4** $\dfrac{\mu_1+\mu_2}{2}$

**問5** 平均 $n_1p_1+n_2p_2$

分散 $n_1p_1(1-p_1)+n_2p_2(1-p_2)$

**問6** 平均 $\dfrac{7}{2}$，分散 $\dfrac{7}{240}$

**問7** 0.0062

**問8** 0.0869

**問9** (1) 7.564 (2) 30.191 (3) 13.277

**問10** $P\left(\dfrac{19U^2}{25}\geqq\dfrac{19}{25}k\right)=0.05$ より 39.66

**問11** (1) 1.397 (2) 1.725 (3) 3.365

**問12** $t_0=2.015$, $z_0=1.6449$

**問13** (1) 4.147 (2) 3.073

### 練習問題 2-A (p.92)

1. (1) 0.0322, 0.0644 (2) 1.9600

   (3) 2.131

2. 0.9633

3. $\dfrac{9U^2}{3}$ は自由度 9 の $\chi^2$ 分布に従い

   $P(U^2\geqq 0.9)=P\left(\dfrac{9U^2}{3}\geqq 2.70\right)$

   であることを用いよ． 0.975

4. $\dfrac{\overline{X}}{\sqrt{U^2/12}}$ は自由度 11 の $t$ 分布に従

   うことを用いよ． 0.7846

5. $\dfrac{U_1^2}{U_2^2}$ は自由度 (7, 9) の $F$ 分布に従

うことを用いよ． 3.293

### 練習問題 2-B (p.93)

1. $W=2X-3Y$ とおくと

   $E[W]=2E[X]-3E[Y]=-5$

   $V[W]=2^2V[X]+3^2V[Y]=13$

   より，$W$ は $N(-5,13)$ に従う．

   0.0823

2. $x,y$ 方向のずれをそれぞれ $X,Y$，$N(0,1)$ に従う確率変数を $Z$ とする．

   $x$ 方向が 2 mm 以内である確率は

   $P\left(-\dfrac{2}{0.9}\leqq Z\leqq\dfrac{2}{0.9}\right)=0.9736$

   $y$ 方向が 2 mm 以内である確率は

   $P\left(-\dfrac{2}{1.1}\leqq Z\leqq\dfrac{2}{1.1}\right)=0.9312$

   $X,Y$ は独立だからいずれも 2 mm 以内である確率は

   $0.9736\times 0.9312\fallingdotseq 0.907$

   よって，廃棄されるのは 93 個

3. (1) $N(100,0.1)$ に従う．

   (2) $N(100,0.01)$

   (3) 求める測定回数を $n$ とする．

   $Z=\dfrac{\sqrt{n}(\overline{X}-100)}{\sqrt{0.1}}$ は $N(0,1)$ に従う．

   $P(|\overline{X}-100|<0.1)$

   $=P\left(\dfrac{\sqrt{0.1}}{\sqrt{n}}|Z|<0.1\right)$

   $=P(|Z|<\sqrt{0.1n})\geqq 0.95$

   $\sqrt{0.1n}\geqq 1.96$ より

$n \geq \dfrac{1.96^2}{0.1} = 38.4$  ∴ 39 回

# 4章

## §1 (p.94〜104)

**問1** $\bar{x} = 19.68$

**問2** $u^2 = 0.00048$

**問3** 95% のとき $z_{\alpha/2} = 1.960$ より
$61.3 \leq \mu \leq 68.7$
99% のとき $z_{\alpha/2} = 2.576$ より
$60.1 \leq \mu \leq 69.9$

**問4** $t_4(0.025) = 2.776$ より
$24.97 \leq \mu \leq 25.29$

**問5** $157.8 \leq \mu \leq 158.0$

**問6** 95% のとき $1.65 \leq \sigma^2 \leq 11.64$
99% のとき $1.33 \leq \sigma^2 \leq 18.11$

**問7** 平均 0.4, 標準偏差 0.0098,
確率 0.0207

**問8** $0.024 \leq p \leq 0.046$

**問9** 385 人以上

## 練習問題 1-A (p.105)

1. $1129.7 \leq \mu \leq 1260.7$
2. $5.08 \leq \mu \leq 5.12$
   $0.00022 \leq \sigma^2 \leq 0.0021$
3. $55.9 \leq \mu \leq 60.7$
4. $0.006 \leq p \leq 0.034$
5. $2 \times 2.576 \times 120/\sqrt{n} \leq 40$ より,
   239 個以上

## 練習問題 1-B (p.106)

1. (1) $E(\alpha X + \beta Y) = \mu$ を用いよ.
   $\alpha + \beta = 1$
   (2) $V(\alpha X + \beta Y) = (\alpha^2 + \beta^2)\sigma^2$ と
   (1) を用いよ. $\dfrac{1}{2}(X + Y)$

2. (1) $a > -1.6449$ とすると
   $P(a \leq Z \leq b) \leq P(Z \geq a) < 0.95$
   (2) $P\left(a \leq \dfrac{\overline{X} - \mu}{\sqrt{\sigma^2/n}} \leq b\right) = 0.95$
   括弧内の不等式を変形せよ.
   (3) $\Phi(b) - \Phi(a) = 0.95$ を $a$ で微分して
   $\Phi'(b)\dfrac{db}{da} - \Phi'(a) = 0$ となることを
   用いよ. $\dfrac{db}{da} = \exp\left(\dfrac{b^2 - a^2}{2}\right)$
   (4) $f(a) = b - a$ が最小になるときに
   区間の幅が最小になる.
   $f'(a) = \dfrac{db}{da} - 1 = 0$ を解いて
   $b = \pm a$
   $b = a$ とはならないから, $b = -a$
   $a = -z_{0.025} = -1.960, \ b = 1.960$

## §2 (p.107〜122)

**問1** $H_0 : p = \dfrac{2}{3}$  $H_1 : p < \dfrac{2}{3}$
$H_0$ が正しいとき, A が 2 回まで勝つ確率は 0.045
したがって勝つ確率は $\dfrac{2}{3}$ より小さいと考えられる.

**問2** $z = 2.095$

有意水準 5% のとき棄却する．
有意水準 1% のとき受容する．

**問3** 棄却域は $Z \leqq -2.326$
弱くなったとはいえない．

**問4** $z = 1.819$
変化しているとはいえない．

**問5** 棄却域は $T \leqq -1.833$
$t = -0.220$
規定より低いとはいえない．

**問6** 棄却域は $0 \leqq X \leqq 6.571$
$x = 6.860$
小さくなったとはいえない．

**問7** 棄却域は $F \geqq 3.179$
$f = 4.766$
小さくなったといえる．

**問8** 棄却域は $|Z| \geqq 1.960$
異なるといえる．

**問9** 棄却域は $|Z| \geqq 1.960$
$z = -1.785$
変化したとはいえない．

**問10** 棄却域は $|Z| \geqq 1.645$
$z = 2.191$
確率は $\frac{1}{6}$ でないといえる．

### 練習問題 2-A (p.123)

**1.** 棄却域は $|Z| \geqq 2.576$
$z = 3.333$
変わったといえる．

**2.** 棄却域は $T \leqq -1.833$, $t = -2.020$
少なくなったといえる．

**3.** 棄却域は $|T| \geqq 4.303$
$t = 4.754$
有意な影響を与えているといえる．

**4.** 棄却域は $|Z| \geqq 1.960$
$z = 1.886$
差があるとはいえない．

**5.** 棄却域は $X \leqq 12.401$, $X \geqq 39.364$
$x = 29.040$
変化したとはいえない．

**6.** 棄却域は $Z \geqq 1.645$
$z = 2.165$
6 割より大きいといえる．

### 練習問題 2-B (p.124)

**1.** $p$ をつぼの中の黒玉の割合とする．

(1) $H_0 : p = \frac{1}{2}$ のもとで標本中の黒玉の数 $X$ は $B\left(25, \frac{1}{2}\right)$ に従い，$Z = \dfrac{X - 12.5}{\sqrt{6.25}}$ は近似的に $N(0, 1)$ に従う．第 1 種の誤りを犯す確率は
$1 - P(7 \leqq X \leqq 18)$
$\fallingdotseq 1 - P(-2.4 \leqq Z \leqq 2.4)$
$= 0.016$

(2) $H_0 : p = \frac{1}{2}$, $H_1 : p > \frac{1}{2}$ の片側検定である．$Y$ は $H_0$ のもとで

$B\left(64, \dfrac{1}{2}\right)$ に従い，$\dfrac{Y-32}{4}$ は近似的に $N(0, 1)$ に従う．有意水準 5 %の $Z$ の棄却域は $Z \geqq 1.645$ となるから，$\dfrac{Y-32-0.5}{4} \geqq 1.645$ より，求める棄却域は $Y \geqq 39.08$

2. $H_0$ のもとで，$Z = \dfrac{\overline{X}-6}{2/5}$ は標準正規分布に従う．$\alpha = 0.16$ の条件から
$$P\left(Z \leqq \dfrac{x_0-6}{2/5}\right) = 0.16$$
これから $x_0 = 5.602$

$\beta$ は $H_1$ が正しいときに $H_0$ を受容する確率であり，$H_1$ のもとで $Z = \dfrac{\overline{X}-5}{2/5}$ は標準正規分布に従うから
$$\beta = P\left(Z \geqq \dfrac{5.602-5}{2/5}\right)$$
$$= P(Z \geqq 1.51) = 0.066$$

3. 1年生，2年生の成績の平均と分散をそれぞれ $\overline{x}_1,\ u_1{}^2,\ \overline{x}_2,\ u_2{}^2$ とおくと
$\overline{x}_1 = 71.09,\ u_1{}^2 = 8.09$
$\overline{x}_2 = 73.60,\ u_2{}^2 = 8.93$

(1) $H_0 : \sigma_1{}^2 = \sigma_2{}^2,\ H_1 : \sigma_1{}^2 \neq \sigma_2{}^2$ とする．$F' = U_2{}^2/U_1{}^2$ は自由度 $(9, 10)$ の $F$ 分布に従う．

棄却域 $F' \geqq 3.779$

$F'$ の実現値 $f' = 1.10$

$H_0$ は受容され，分散は等しいと考えられる．

(2) 120 ページの方法を用いる．

$H_0 : \mu_1 = \mu_2,\ H_1 : \mu_1 < \mu_2$ とすると，棄却域は
$$T \geqq t_{19}(0.05) = 1.729$$
$$u^2 = \dfrac{10u_1{}^2 + 9u_2{}^2}{19} = 8.49$$
$$t = \dfrac{73.6 - 71.09}{\sqrt{8.49(1/11 + 1/10)}}$$
$$= 1.972$$

2年生の平均点の方がよいといえる．

# 5 章

## §1 (p.125〜129)

**問1** $x = 4.232$

正しく作られているとはいえ8ない．

**問2** $x = 0.637$

違いがあるとみることはできない

**問3** $x = 6.613$

関係があるといえる．

## §2 (p.130〜136)

**問1** (1) $P(X = k) = \dfrac{1}{3}\left(\dfrac{2}{3}\right)^{k-1}$

(2) $\dfrac{19}{27}$

**問2** $1 - e^{-\frac{2}{5}} \fallingdotseq 0.330$

## §3 (p.137〜146)

**問1** $\widehat{\beta} = 1.093,\ \widehat{\alpha} = 0.4586$

$$\widehat{\sigma}^2 = \dfrac{1}{6}\sum_{i=1}^{8}\{y_i - (\widehat{\alpha} + \widehat{\beta}x_i)\}^2$$
$$= \dfrac{8}{6}(\overline{y^2} - 2\widehat{\alpha}\overline{y} - 2\widehat{\beta}\overline{xy}$$
$$+ \widehat{\alpha}^2 + 2\widehat{\alpha}\widehat{\beta}\overline{x} + \widehat{\beta}^2\overline{x^2})$$

$\fallingdotseq 1.964$

**問2** 0.735

**問3** (1) 回帰直線 $y = 62.7 + 4.32x$

(2) $R^2 = 0.95$

(3) 実現値 $10.40$, $t_6(0.025) = 2.447$

$H_0$ は棄却される.

$x$ はこの回帰モデルに必要である.

# 索引

## イ
一様分布 uniform distribution ……… 66
一致推定量 consistent estimator …… 95
一致性 consistency ………………… 95

## ウ
上側 $\alpha$ 点 upper $\alpha$-point
    $F$ 分布の— …………………… 89
    カイ 2 乗分布の— ……………… 86
    $t$ 分布の— …………………… 88
    標準正規分布の— ……………… 98

## エ
$F$ 検定 $F$-test …………………… 117
$F$ 分布 $F$-distribution ……………… 89

## カ
回帰係数 regression coefficient …… 49, 137
回帰直線 regression line ……… 49, 138
回帰分析 regression analysis ……… 137
回帰方程式 regression equation …… 138
回帰モデル regression model …… 137
階級 class ………………………… 28
階級値 class mark ………………… 29
カイ 2 乗分布 chi-square distribution
    …………………………………… 86
カイ 2 乗検定 chi-square test ……… 115
確率 probability …………………… 2
確率分布 probability distribution … 55
確率変数 random variable ………… 55
確率密度関数 probability density function ……………………………… 65
仮説 hypothesis …………………… 108
仮説検定 testing hypothesis ……… 108
加法定理 addition rule ……………… 8
観測度数 observed frequency …… 126
ガンマ関数 gamma function ……… 133

## キ
幾何分布 geometric distribution … 130
棄却域 critical region ……………… 111
棄却する reject …………………… 108
危険率 significance level ………… 107
擬似乱数 pseudo-random numbers … 82
期待値 expected value ……… 9, 56, 68
期待度数 expected frequency …… 126
帰無仮説 null hypothesis ………… 108
共分散 covariance ………………… 45

## ク
空事象 empty event ………………… 5
区間推定 interval estimation ……… 97

## ケ
決定係数 coefficient of determination ……………………………… 140
検定統計量 test statistic …………… 109

## コ
誤差項 error term ………………… 137
根元事象 elementary event ………… 1

## サ
最小 2 乗推定量 least squares estimator ……………………………… 138
最小 2 乗法 method of least squares ……………………………… 48
採択する accept ………………… 109
最頻値 mode ……………………… 33
残差 residual …………………… 138
散布図 scatter diagram …………… 44
散布度 dispersion ………………… 34

## シ

試行 trial ……………………………… 1
事後確率 posterior probability ……… 22
事象 event ……………………………… 1
指数分布 exponential distribution
　………………………………………… 132
事前確率 prior probability …………… 22
実現値 observed value ……………… 94
四分位 quartile ……………………… 39
四分位範囲 inter quartile range …… 39
重回帰分析 multiple regression analysis
　………………………………………… 144
重回帰モデル multiple regression model
　………………………………… 137, 144
従属変数 dependent variable … 48, 137
自由度 degree of freedom
　カイ2乗分布の— ………………… 86
　$t$ 分布の— ……………………… 87
受容する accept ……………………… 108
条件つき確率 conditional probability
　…………………………………………… 13
乗法定理 multiplication rule ………… 14
信頼区間 confidence interval …… 97, 98
信頼係数 confidence coefficient …… 97
信頼限界 confidence bound ………… 98

## ス

推定値 estimate ……………………… 95
推定量 estimator ……………………… 95

## セ

正規分布 normal distribution ……… 70
正規母集団 normal population ……… 83
正の相関 positive correlation ……… 44
積事象 intersection of events ………… 5
全事象 whole event …………………… 5

全数調査 complete enumeration …… 82

## ソ

相関係数 correlation coefficient …… 46
相対度数 relative frequency ………… 29

## タ

第1種の誤り type 1 error ………… 109
大数の法則 law of large numbers … 84
第2種の誤り type 2 error ………… 109
代表値 representative value ………… 30
対立仮説 alternative hypothesis … 108
互いに排反 mutually exclusive ……… 6
互いに独立 mutually independent … 18, 78
単回帰モデル simple regression model
　………………………………………… 137

## チ

中央値 median ……………………… 33
中心極限定理 central limit theorem
　………………………………………… 85

## テ

$t$ 検定 $t$-test ……………………… 113
$t$ 分布 $t$-distribution ……………… 87
適合度の検定 goodness of fit test … 125
点推定 point estimation ……………… 95

## ト

統計量 statistic ……………………… 83
同様に確からしい equally likely …… 2
独立 independent ……………… 17, 20
独立性の検定 test of independence
　………………………………………… 127
独立変数 independent variable …… 48, 137
度数 frequency ……………………… 29
度数折れ線 frequency polygon …… 29

索引

度数分布表 frequency table ……… 29

**二**
二項分布 binomial distribution …… 59
二項母集団 binomial population ‥ 102
2次元のデータ bivariate data ……… 44

**ハ**
箱ひげ図 box plot ……………… 39
外れ値 outlier …………………… 39
範囲 range ……………………… 34

**ヒ**
$p$ 値 p-value ……………………… 109
ヒストグラム histogram ………… 29
左片側検定 left-sided test ………… 109
非復元抽出 sampling without replacement ……………………… 19
標準化 standardization …………… 58
標準誤差 standard error ………… 139
標準正規分布 standard normal distribution ……………………… 70
標準偏差 standard deviation ‥ 35, 57, 68
標本 sample ……………………… 81
標本抽出 sampling ………………… 81
標本調査 sample survey ………… 81
標本比率 sample proportion …… 102
標本分散 sample variance ………… 83
標本分布 sampling distribution …… 83
標本平均 sample mean …………… 83

**フ**
復元抽出 sampling with replacement ……………………… 19
負の相関 negative correlation …… 44
不偏推定量 unbiased estimator …… 95
不偏分散 unbiased variance ……… 83

分散 variance ……………… 35, 57, 68
分布関数 distribution function …… 66

**ヘ**
平均 mean ………………… 30, 56, 68
平均偏差 mean deviation ………… 35
ベイズの定理 Bayes' theorem …… 22
ベータ関数 beta function ……… 133
ベルヌーイ試行 Bernoulli trials …… 59
偏差 deviation …………………… 34
ベン図 Venn diagram ……………… 5
変動係数 coefficient of variation … 43
変量 variate ……………………… 28

**ホ**
ポアソン分布 Poisson distribution ‥ 61
母集団 population ………………… 81
母集団分布 population distribution
……………………………… 83
母数 parameter …………………… 83
母比率 population proportion …… 102
母分散 population variance ……… 83
母平均 population mean ………… 83

**ミ**
右片側検定 right-sided test ……… 109

**ム**
無限母集団 infinite population …… 81
無作為抽出法 random sampling …… 82
無作為標本 random sample …… 82, 83

**ユ**
有意水準 significance level ……… 107
有意である significant ………… 109
有限母集団 finite population ……… 81
有効 efficient …………………… 96

**ヨ**
要素 element ……………………… 81

余事象 complementary event ............5
**ラ**
乱数 random number .................. 82
**リ**
離散型 discrete ........................... 64
両側検定 two-sided test .............. 109
**ル**
累積相対度数 cumulative relative frequency .................................. 29
累積度数 cumulative frequency ...... 29
累積分布関数 cumulative distribution function ................................. 66
**レ**
連続型 continuous ...................... 64
**ワ**
和事象 union of events ...................5

## 乱数表

```
03 47 43 73 86   36 96 47 36 61   46 98 63 71 62   33 26 16 80 45   60 11 14 10 95
97 74 24 67 62   42 81 14 57 20   42 53 32 37 32   27 07 36 07 51   24 51 79 89 73
16 76 62 27 66   56 50 26 71 07   32 90 79 78 53   13 55 38 58 59   88 97 54 14 10
12 56 85 99 26   96 96 68 27 31   05 03 72 93 15   57 12 10 14 21   88 26 49 81 76
55 59 56 35 64   38 54 82 46 22   31 62 43 09 90   06 18 44 32 53   23 83 01 30 30

16 22 77 94 39   49 54 43 54 82   17 37 93 23 78   87 35 20 96 43   84 26 34 91 64
84 42 17 53 31   57 24 55 06 88   77 04 74 47 67   21 76 33 50 25   83 92 12 06 76
63 01 63 78 59   16 95 55 67 19   98 10 50 71 75   12 86 73 58 07   44 39 52 38 79
33 21 12 34 29   78 64 56 07 82   52 42 07 44 38   15 51 00 13 42   99 66 02 79 54
57 60 86 32 44   09 47 27 96 54   49 17 46 09 62   90 52 84 77 27   08 02 73 43 28

18 18 07 92 46   44 17 16 58 09   79 83 86 19 62   06 76 50 03 10   55 23 64 05 05
26 62 38 97 75   84 16 07 44 99   83 11 46 32 24   20 14 85 88 45   10 93 72 88 71
23 42 40 64 74   82 97 77 77 81   07 45 32 14 08   32 98 94 07 72   93 85 79 10 75
52 36 28 19 95   50 92 26 11 97   00 56 76 31 38   80 22 02 53 53   86 60 42 04 53
37 85 94 35 12   83 39 50 08 30   42 34 07 96 88   54 42 06 87 98   35 85 29 48 39

70 29 17 12 13   40 33 20 38 26   13 89 51 03 74   17 76 37 13 04   07 74 21 19 30
56 62 18 37 35   96 83 50 87 75   97 12 25 93 47   70 33 24 03 54   97 77 46 44 80
99 49 57 22 77   88 42 95 45 72   16 64 36 16 00   04 43 18 66 79   94 77 24 21 90
16 08 15 04 72   33 27 14 34 09   45 59 34 68 49   12 72 07 34 45   99 27 72 95 14
31 16 93 32 43   50 27 89 87 19   20 15 37 00 49   52 85 66 60 44   38 68 88 11 80

68 34 30 13 70   55 74 30 77 40   44 22 78 84 26   04 33 46 09 52   68 07 97 06 57
74 57 25 65 76   59 29 97 68 60   71 91 38 67 54   13 58 18 24 76   15 54 55 95 52
27 42 37 86 53   48 55 90 65 72   96 57 69 36 10   96 46 92 42 45   97 60 49 04 91
00 39 68 29 61   66 37 32 20 30   77 84 57 03 29   10 45 65 04 26   11 04 96 67 24
29 94 98 94 24   68 49 69 10 82   53 75 91 93 30   34 25 20 57 27   40 48 73 51 92

16 90 82 66 59   83 62 64 11 12   67 19 00 71 74   60 47 21 29 68   02 02 37 03 31
11 27 94 75 06   06 09 19 74 66   02 94 37 34 02   76 70 90 30 86   38 45 94 30 38
35 24 10 16 20   33 32 51 26 38   79 78 45 04 91   16 92 53 56 16   02 75 50 95 98
38 23 16 86 38   42 38 97 01 50   87 75 66 81 41   40 01 74 91 62   48 51 84 08 32
31 96 25 91 47   96 44 33 49 13   34 86 82 53 91   00 52 43 48 85   27 55 26 89 62

66 67 40 67 14   64 05 71 95 86   11 05 65 09 68   76 83 20 37 90   57 16 00 11 66
14 90 84 45 11   75 73 88 05 90   52 27 41 14 86   22 98 12 22 08   07 52 74 95 80
68 05 51 18 00   33 96 02 75 19   07 60 62 93 55   59 33 82 43 90   49 37 38 44 59
20 46 78 73 90   97 51 40 14 02   04 02 33 31 08   39 54 16 49 36   47 95 93 13 30
64 19 58 97 79   15 06 15 93 20   01 90 10 75 06   40 78 78 89 62   02 67 74 17 33

05 26 93 70 60   22 35 85 15 13   92 03 51 59 77   59 56 78 06 83   52 91 05 70 74
07 97 10 88 23   09 98 42 99 64   61 71 62 99 15   06 51 29 16 93   58 05 77 09 51
68 71 86 85 85   54 87 66 47 54   73 32 08 11 12   44 95 92 63 16   29 56 24 29 48
26 99 61 65 53   58 37 78 80 70   42 10 50 67 42   32 17 55 85 74   94 44 67 16 94
14 65 52 68 75   87 59 36 22 41   26 78 63 06 55   13 08 27 01 50   15 29 39 39 43

17 53 77 58 71   71 41 61 50 72   12 41 94 96 26   44 95 27 36 99   02 96 74 30 83
90 26 59 21 19   23 52 23 33 12   96 93 02 18 39   07 02 18 36 07   25 99 32 70 23
41 23 52 55 99   31 04 49 69 96   10 47 48 45 88   13 41 43 89 20   97 17 14 49 17
60 20 50 81 69   31 99 73 68 68   35 81 33 03 76   24 30 12 48 60   18 99 10 72 34
91 25 38 05 90   94 58 28 41 36   45 37 59 03 09   90 35 57 29 12   82 62 54 65 60

34 50 57 74 37   98 80 33 00 91   09 77 93 19 82   74 94 80 04 04   45 07 31 66 49
85 22 04 39 43   73 81 53 94 79   33 62 46 86 28   08 31 54 46 31   53 94 13 38 47
09 79 13 77 48   73 82 97 22 21   05 03 27 24 83   72 89 44 05 60   35 80 39 94 88
88 75 80 18 14   22 95 75 42 49   39 32 82 22 49   02 48 07 70 37   16 04 61 67 87
90 96 23 70 00   39 00 03 06 90   55 85 78 38 36   94 37 30 69 32   90 89 00 76 33
```

## ポアソン分布表 $\left(P(X=k)=e^{-\lambda}\dfrac{\lambda^k}{k!}\right)$

| k \ λ | 0.1 | 0.2 | 0.5 | 1.0 | 1.5 | 2.0 | 3.0 |
|---|---|---|---|---|---|---|---|
| 0 | 0.90484 | 0.81873 | 0.60653 | 0.36788 | 0.22313 | 0.13534 | 0.04979 |
| 1 | 0.09048 | 0.16375 | 0.30327 | 0.36788 | 0.33470 | 0.27067 | 0.14936 |
| 2 | 0.00452 | 0.01637 | 0.07582 | 0.18394 | 0.25102 | 0.27067 | 0.22404 |
| 3 | 0.00015 | 0.00109 | 0.01264 | 0.06131 | 0.12551 | 0.18045 | 0.22404 |
| 4 | 0.00000 | 0.00005 | 0.00158 | 0.01533 | 0.04707 | 0.09022 | 0.16803 |
| 5 | | 0.00000 | 0.00016 | 0.00307 | 0.01412 | 0.03609 | 0.10082 |
| 6 | | | 0.00001 | 0.00051 | 0.00353 | 0.01203 | 0.05041 |
| 7 | | | 0.00000 | 0.00007 | 0.00076 | 0.00344 | 0.02160 |
| 8 | | | | 0.00001 | 0.00014 | 0.00086 | 0.00810 |
| 9 | | | | 0.00000 | 0.00002 | 0.00019 | 0.00270 |
| 10 | | | | | 0.00000 | 0.00004 | 0.00081 |
| 11 | | | | | | 0.00001 | 0.00022 |
| 12 | | | | | | 0.00000 | 0.00006 |
| 13 | | | | | | | 0.00001 |
| 14 | | | | | | | 0.00000 |

| k \ λ | 4.0 | 5.0 | 6.0 | 7.0 | 8.0 | 9.0 | 10.0 |
|---|---|---|---|---|---|---|---|
| 0 | 0.01832 | 0.00674 | 0.00248 | 0.00091 | 0.00034 | 0.00012 | 0.00005 |
| 1 | 0.07326 | 0.03369 | 0.01487 | 0.00638 | 0.00268 | 0.00111 | 0.00045 |
| 2 | 0.14653 | 0.08422 | 0.04462 | 0.02234 | 0.01073 | 0.00500 | 0.00227 |
| 3 | 0.19537 | 0.14037 | 0.08924 | 0.05213 | 0.02863 | 0.01499 | 0.00757 |
| 4 | 0.19537 | 0.17547 | 0.13385 | 0.09123 | 0.05725 | 0.03374 | 0.01892 |
| 5 | 0.15629 | 0.17547 | 0.16062 | 0.12772 | 0.09160 | 0.06073 | 0.03783 |
| 6 | 0.10420 | 0.14622 | 0.16062 | 0.14900 | 0.12214 | 0.09109 | 0.06306 |
| 7 | 0.05954 | 0.10444 | 0.13768 | 0.14900 | 0.13959 | 0.11712 | 0.09008 |
| 8 | 0.02977 | 0.06528 | 0.10326 | 0.13038 | 0.13959 | 0.13176 | 0.11260 |
| 9 | 0.01323 | 0.03627 | 0.06884 | 0.10140 | 0.12408 | 0.13176 | 0.12511 |
| 10 | 0.00529 | 0.01813 | 0.04130 | 0.07098 | 0.09926 | 0.11858 | 0.12511 |
| 11 | 0.00192 | 0.00824 | 0.02253 | 0.04517 | 0.07219 | 0.09702 | 0.11374 |
| 12 | 0.00064 | 0.00343 | 0.01126 | 0.02635 | 0.04813 | 0.07277 | 0.09478 |
| 13 | 0.00020 | 0.00132 | 0.00520 | 0.01419 | 0.02962 | 0.05038 | 0.07291 |
| 14 | 0.00006 | 0.00047 | 0.00223 | 0.00709 | 0.01692 | 0.03238 | 0.05208 |
| 15 | 0.00002 | 0.00016 | 0.00089 | 0.00331 | 0.00903 | 0.01943 | 0.03472 |
| 16 | 0.00000 | 0.00005 | 0.00033 | 0.00145 | 0.00451 | 0.01093 | 0.02170 |
| 17 | | 0.00001 | 0.00012 | 0.00060 | 0.00212 | 0.00579 | 0.01276 |
| 18 | | 0.00000 | 0.00004 | 0.00023 | 0.00094 | 0.00289 | 0.00709 |
| 19 | | | 0.00001 | 0.00009 | 0.00040 | 0.00137 | 0.00373 |
| 20 | | | 0.00000 | 0.00003 | 0.00016 | 0.00062 | 0.00187 |
| 21 | | | | 0.00001 | 0.00006 | 0.00026 | 0.00089 |
| 22 | | | | 0.00000 | 0.00002 | 0.00011 | 0.00040 |
| 23 | | | | | 0.00001 | 0.00004 | 0.00018 |
| 24 | | | | | 0.00000 | 0.00002 | 0.00007 |
| 25 | | | | | | 0.00001 | 0.00003 |
| 26 | | | | | | 0.00000 | 0.00001 |
| 27 | | | | | | | 0.00000 |

## 正規分布表 (分布関数)

$$\Phi(z) = \frac{1}{\sqrt{2\pi}} \int_{-\infty}^{z} e^{-\frac{z^2}{2}} dz \text{ の値}$$

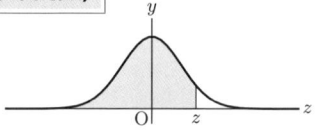

| z | 0.00 | 0.01 | 0.02 | 0.03 | 0.04 | 0.05 | 0.06 | 0.07 | 0.08 | 0.09 |
|---|---|---|---|---|---|---|---|---|---|---|
| 0.0 | 0.5000 | 0.5040 | 0.5080 | 0.5120 | 0.5160 | 0.5199 | 0.5239 | 0.5279 | 0.5319 | 0.5359 |
| 0.1 | 0.5398 | 0.5438 | 0.5478 | 0.5517 | 0.5557 | 0.5596 | 0.5636 | 0.5675 | 0.5714 | 0.5753 |
| 0.2 | 0.5793 | 0.5832 | 0.5871 | 0.5910 | 0.5948 | 0.5987 | 0.6026 | 0.6064 | 0.6103 | 0.6141 |
| 0.3 | 0.6179 | 0.6217 | 0.6255 | 0.6293 | 0.6331 | 0.6368 | 0.6406 | 0.6443 | 0.6480 | 0.6517 |
| 0.4 | 0.6554 | 0.6591 | 0.6628 | 0.6664 | 0.6700 | 0.6736 | 0.6772 | 0.6808 | 0.6844 | 0.6879 |
| 0.5 | 0.6915 | 0.6950 | 0.6985 | 0.7019 | 0.7054 | 0.7088 | 0.7123 | 0.7157 | 0.7190 | 0.7224 |
| 0.6 | 0.7257 | 0.7291 | 0.7324 | 0.7357 | 0.7389 | 0.7422 | 0.7454 | 0.7486 | 0.7517 | 0.7549 |
| 0.7 | 0.7580 | 0.7611 | 0.7642 | 0.7673 | 0.7704 | 0.7734 | 0.7764 | 0.7794 | 0.7823 | 0.7852 |
| 0.8 | 0.7881 | 0.7910 | 0.7939 | 0.7967 | 0.7995 | 0.8023 | 0.8051 | 0.8078 | 0.8106 | 0.8133 |
| 0.9 | 0.8159 | 0.8186 | 0.8212 | 0.8238 | 0.8264 | 0.8289 | 0.8315 | 0.8340 | 0.8365 | 0.8389 |
| 1.0 | 0.8413 | 0.8438 | 0.8461 | 0.8485 | 0.8508 | 0.8531 | 0.8554 | 0.8577 | 0.8599 | 0.8621 |
| 1.1 | 0.8643 | 0.8665 | 0.8686 | 0.8708 | 0.8729 | 0.8749 | 0.8770 | 0.8790 | 0.8810 | 0.8830 |
| 1.2 | 0.8849 | 0.8869 | 0.8888 | 0.8907 | 0.8925 | 0.8944 | 0.8962 | 0.8980 | 0.8997 | 0.9015 |
| 1.3 | 0.9032 | 0.9049 | 0.9066 | 0.9082 | 0.9099 | 0.9115 | 0.9131 | 0.9147 | 0.9162 | 0.9177 |
| 1.4 | 0.9192 | 0.9207 | 0.9222 | 0.9236 | 0.9251 | 0.9265 | 0.9279 | 0.9292 | 0.9306 | 0.9319 |
| 1.5 | 0.9332 | 0.9345 | 0.9357 | 0.9370 | 0.9382 | 0.9394 | 0.9406 | 0.9418 | 0.9429 | 0.9441 |
| 1.6 | 0.9452 | 0.9463 | 0.9474 | 0.9484 | 0.9495 | 0.9505 | 0.9515 | 0.9525 | 0.9535 | 0.9545 |
| 1.7 | 0.9554 | 0.9564 | 0.9573 | 0.9582 | 0.9591 | 0.9599 | 0.9608 | 0.9616 | 0.9625 | 0.9633 |
| 1.8 | 0.9641 | 0.9649 | 0.9656 | 0.9664 | 0.9671 | 0.9678 | 0.9686 | 0.9693 | 0.9699 | 0.9706 |
| 1.9 | 0.9713 | 0.9719 | 0.9726 | 0.9732 | 0.9738 | 0.9744 | 0.9750 | 0.9756 | 0.9761 | 0.9767 |
| 2.0 | 0.9772 | 0.9778 | 0.9783 | 0.9788 | 0.9793 | 0.9798 | 0.9803 | 0.9808 | 0.9812 | 0.9817 |
| 2.1 | 0.9821 | 0.9826 | 0.9830 | 0.9834 | 0.9838 | 0.9842 | 0.9846 | 0.9850 | 0.9854 | 0.9857 |
| 2.2 | 0.9861 | 0.9864 | 0.9868 | 0.9871 | 0.9875 | 0.9878 | 0.9881 | 0.9884 | 0.9887 | 0.9890 |
| 2.3 | 0.9893 | 0.9896 | 0.9898 | 0.9901 | 0.9904 | 0.9906 | 0.9909 | 0.9911 | 0.9913 | 0.9916 |
| 2.4 | 0.9918 | 0.9920 | 0.9922 | 0.9925 | 0.9927 | 0.9929 | 0.9931 | 0.9932 | 0.9934 | 0.9936 |
| 2.5 | 0.9938 | 0.9940 | 0.9941 | 0.9943 | 0.9945 | 0.9946 | 0.9948 | 0.9949 | 0.9951 | 0.9952 |
| 2.6 | 0.9953 | 0.9955 | 0.9956 | 0.9957 | 0.9959 | 0.9960 | 0.9961 | 0.9962 | 0.9963 | 0.9964 |
| 2.7 | 0.9965 | 0.9966 | 0.9967 | 0.9968 | 0.9969 | 0.9970 | 0.9971 | 0.9972 | 0.9973 | 0.9974 |
| 2.8 | 0.9974 | 0.9975 | 0.9976 | 0.9977 | 0.9977 | 0.9978 | 0.9979 | 0.9979 | 0.9980 | 0.9981 |
| 2.9 | 0.9981 | 0.9982 | 0.9982 | 0.9983 | 0.9984 | 0.9984 | 0.9985 | 0.9985 | 0.9986 | 0.9986 |
| 3.0 | 0.9987 | 0.9987 | 0.9987 | 0.9988 | 0.9988 | 0.9989 | 0.9989 | 0.9989 | 0.9990 | 0.9990 |
| 3.1 | 0.9990 | 0.9991 | 0.9991 | 0.9991 | 0.9992 | 0.9992 | 0.9992 | 0.9992 | 0.9993 | 0.9993 |
| 3.2 | 0.9993 | 0.9993 | 0.9994 | 0.9994 | 0.9994 | 0.9994 | 0.9994 | 0.9995 | 0.9995 | 0.9995 |
| 3.3 | 0.9995 | 0.9995 | 0.9995 | 0.9996 | 0.9996 | 0.9996 | 0.9996 | 0.9996 | 0.9996 | 0.9997 |
| 3.4 | 0.9997 | 0.9997 | 0.9997 | 0.9997 | 0.9997 | 0.9997 | 0.9997 | 0.9997 | 0.9997 | 0.9998 |
| 3.5 | 0.9998 | 0.9998 | 0.9998 | 0.9998 | 0.9998 | 0.9998 | 0.9998 | 0.9998 | 0.9998 | 0.9998 |
| 3.6 | 0.9998 | 0.9998 | 0.9999 | 0.9999 | 0.9999 | 0.9999 | 0.9999 | 0.9999 | 0.9999 | 0.9999 |
| 3.7 | 0.9999 | 0.9999 | 0.9999 | 0.9999 | 0.9999 | 0.9999 | 0.9999 | 0.9999 | 0.9999 | 0.9999 |
| 3.8 | 0.9999 | 0.9999 | 0.9999 | 0.9999 | 0.9999 | 0.9999 | 0.9999 | 0.9999 | 0.9999 | 0.9999 |
| 3.9 | 1.0000 | 1.0000 | 1.0000 | 1.0000 | 1.0000 | 1.0000 | 1.0000 | 1.0000 | 1.0000 | 1.0000 |

## 正規分布表 (逆分布関数)

$$P(Z \leqq z) = \frac{1}{\sqrt{2\pi}} \int_{-\infty}^{z} e^{-\frac{z^2}{2}} dz = \alpha \text{ となる } z \text{ の値}$$

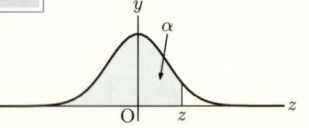

| α | 0.000 | 0.001 | 0.002 | 0.003 | 0.004 | 0.005 | 0.006 | 0.007 | 0.008 | 0.009 |
|---|---|---|---|---|---|---|---|---|---|---|
| 0.50 | 0.0000 | 0.0025 | 0.0050 | 0.0075 | 0.0100 | 0.0125 | 0.0150 | 0.0175 | 0.0201 | 0.0226 |
| 0.51 | 0.0251 | 0.0276 | 0.0301 | 0.0326 | 0.0351 | 0.0376 | 0.0401 | 0.0426 | 0.0451 | 0.0476 |
| 0.52 | 0.0502 | 0.0527 | 0.0552 | 0.0577 | 0.0602 | 0.0627 | 0.0652 | 0.0677 | 0.0702 | 0.0728 |
| 0.53 | 0.0753 | 0.0778 | 0.0803 | 0.0828 | 0.0853 | 0.0878 | 0.0904 | 0.0929 | 0.0954 | 0.0979 |
| 0.54 | 0.1004 | 0.1030 | 0.1055 | 0.1080 | 0.1105 | 0.1130 | 0.1156 | 0.1181 | 0.1206 | 0.1231 |
| 0.55 | 0.1257 | 0.1282 | 0.1307 | 0.1332 | 0.1358 | 0.1383 | 0.1408 | 0.1434 | 0.1459 | 0.1484 |
| 0.56 | 0.1510 | 0.1535 | 0.1560 | 0.1586 | 0.1611 | 0.1637 | 0.1662 | 0.1687 | 0.1713 | 0.1738 |
| 0.57 | 0.1764 | 0.1789 | 0.1815 | 0.1840 | 0.1866 | 0.1891 | 0.1917 | 0.1942 | 0.1968 | 0.1993 |
| 0.58 | 0.2019 | 0.2045 | 0.2070 | 0.2096 | 0.2121 | 0.2147 | 0.2173 | 0.2198 | 0.2224 | 0.2250 |
| 0.59 | 0.2275 | 0.2301 | 0.2327 | 0.2353 | 0.2378 | 0.2404 | 0.2430 | 0.2456 | 0.2482 | 0.2508 |
| 0.60 | 0.2533 | 0.2559 | 0.2585 | 0.2611 | 0.2637 | 0.2663 | 0.2689 | 0.2715 | 0.2741 | 0.2767 |
| 0.61 | 0.2793 | 0.2819 | 0.2845 | 0.2871 | 0.2898 | 0.2924 | 0.2950 | 0.2976 | 0.3002 | 0.3029 |
| 0.62 | 0.3055 | 0.3081 | 0.3107 | 0.3134 | 0.3160 | 0.3186 | 0.3213 | 0.3239 | 0.3266 | 0.3292 |
| 0.63 | 0.3319 | 0.3345 | 0.3372 | 0.3398 | 0.3425 | 0.3451 | 0.3478 | 0.3505 | 0.3531 | 0.3558 |
| 0.64 | 0.3585 | 0.3611 | 0.3638 | 0.3665 | 0.3692 | 0.3719 | 0.3745 | 0.3772 | 0.3799 | 0.3826 |
| 0.65 | 0.3853 | 0.3880 | 0.3907 | 0.3934 | 0.3961 | 0.3989 | 0.4016 | 0.4043 | 0.4070 | 0.4097 |
| 0.66 | 0.4125 | 0.4152 | 0.4179 | 0.4207 | 0.4234 | 0.4261 | 0.4289 | 0.4316 | 0.4344 | 0.4372 |
| 0.67 | 0.4399 | 0.4427 | 0.4454 | 0.4482 | 0.4510 | 0.4538 | 0.4565 | 0.4593 | 0.4621 | 0.4649 |
| 0.68 | 0.4677 | 0.4705 | 0.4733 | 0.4761 | 0.4789 | 0.4817 | 0.4845 | 0.4874 | 0.4902 | 0.4930 |
| 0.69 | 0.4959 | 0.4987 | 0.5015 | 0.5044 | 0.5072 | 0.5101 | 0.5129 | 0.5158 | 0.5187 | 0.5215 |
| 0.70 | 0.5244 | 0.5273 | 0.5302 | 0.5330 | 0.5359 | 0.5388 | 0.5417 | 0.5446 | 0.5476 | 0.5505 |
| 0.71 | 0.5534 | 0.5563 | 0.5592 | 0.5622 | 0.5651 | 0.5681 | 0.5710 | 0.5740 | 0.5769 | 0.5799 |
| 0.72 | 0.5828 | 0.5858 | 0.5888 | 0.5918 | 0.5948 | 0.5978 | 0.6008 | 0.6038 | 0.6068 | 0.6098 |
| 0.73 | 0.6128 | 0.6158 | 0.6189 | 0.6219 | 0.6250 | 0.6280 | 0.6311 | 0.6341 | 0.6372 | 0.6403 |
| 0.74 | 0.6433 | 0.6464 | 0.6495 | 0.6526 | 0.6557 | 0.6588 | 0.6620 | 0.6651 | 0.6682 | 0.6713 |
| 0.75 | 0.6745 | 0.6776 | 0.6808 | 0.6840 | 0.6871 | 0.6903 | 0.6935 | 0.6967 | 0.6999 | 0.7031 |
| 0.76 | 0.7063 | 0.7095 | 0.7128 | 0.7160 | 0.7192 | 0.7225 | 0.7257 | 0.7290 | 0.7323 | 0.7356 |
| 0.77 | 0.7388 | 0.7421 | 0.7454 | 0.7488 | 0.7521 | 0.7554 | 0.7588 | 0.7621 | 0.7655 | 0.7688 |
| 0.78 | 0.7722 | 0.7756 | 0.7790 | 0.7824 | 0.7858 | 0.7892 | 0.7926 | 0.7961 | 0.7995 | 0.8030 |
| 0.79 | 0.8064 | 0.8099 | 0.8134 | 0.8169 | 0.8204 | 0.8239 | 0.8274 | 0.8310 | 0.8345 | 0.8381 |
| 0.80 | 0.8416 | 0.8452 | 0.8488 | 0.8524 | 0.8560 | 0.8596 | 0.8633 | 0.8669 | 0.8705 | 0.8742 |
| 0.81 | 0.8779 | 0.8816 | 0.8853 | 0.8890 | 0.8927 | 0.8965 | 0.9002 | 0.9040 | 0.9078 | 0.9116 |
| 0.82 | 0.9154 | 0.9192 | 0.9230 | 0.9269 | 0.9307 | 0.9346 | 0.9385 | 0.9424 | 0.9463 | 0.9502 |
| 0.83 | 0.9542 | 0.9581 | 0.9621 | 0.9661 | 0.9701 | 0.9741 | 0.9782 | 0.9822 | 0.9863 | 0.9904 |
| 0.84 | 0.9945 | 0.9986 | 1.0027 | 1.0069 | 1.0110 | 1.0152 | 1.0194 | 1.0237 | 1.0279 | 1.0322 |
| 0.85 | 1.0364 | 1.0407 | 1.0450 | 1.0494 | 1.0537 | 1.0581 | 1.0625 | 1.0669 | 1.0714 | 1.0758 |
| 0.86 | 1.0803 | 1.0848 | 1.0893 | 1.0939 | 1.0985 | 1.1031 | 1.1077 | 1.1123 | 1.1170 | 1.1217 |
| 0.87 | 1.1264 | 1.1311 | 1.1359 | 1.1407 | 1.1455 | 1.1503 | 1.1552 | 1.1601 | 1.1650 | 1.1700 |
| 0.88 | 1.1750 | 1.1800 | 1.1850 | 1.1901 | 1.1952 | 1.2004 | 1.2055 | 1.2107 | 1.2160 | 1.2212 |
| 0.89 | 1.2265 | 1.2319 | 1.2372 | 1.2426 | 1.2481 | 1.2536 | 1.2591 | 1.2646 | 1.2702 | 1.2759 |
| 0.90 | 1.2816 | 1.2873 | 1.2930 | 1.2988 | 1.3047 | 1.3106 | 1.3165 | 1.3225 | 1.3285 | 1.3346 |
| 0.91 | 1.3408 | 1.3469 | 1.3532 | 1.3595 | 1.3658 | 1.3722 | 1.3787 | 1.3852 | 1.3917 | 1.3984 |
| 0.92 | 1.4051 | 1.4118 | 1.4187 | 1.4255 | 1.4325 | 1.4395 | 1.4466 | 1.4538 | 1.4611 | 1.4684 |
| 0.93 | 1.4758 | 1.4833 | 1.4909 | 1.4985 | 1.5063 | 1.5141 | 1.5220 | 1.5301 | 1.5382 | 1.5464 |
| 0.94 | 1.5548 | 1.5632 | 1.5718 | 1.5805 | 1.5893 | 1.5982 | 1.6072 | 1.6164 | 1.6258 | 1.6352 |
| 0.95 | 1.6449 | 1.6546 | 1.6646 | 1.6747 | 1.6849 | 1.6954 | 1.7060 | 1.7169 | 1.7279 | 1.7392 |
| 0.96 | 1.7507 | 1.7624 | 1.7744 | 1.7866 | 1.7991 | 1.8119 | 1.8250 | 1.8384 | 1.8522 | 1.8663 |
| 0.97 | 1.8808 | 1.8957 | 1.9110 | 1.9268 | 1.9431 | 1.9600 | 1.9774 | 1.9954 | 2.0141 | 2.0335 |
| 0.98 | 2.0537 | 2.0749 | 2.0969 | 2.1201 | 2.1444 | 2.1701 | 2.1973 | 2.2262 | 2.2571 | 2.2904 |
| 0.99 | 2.3263 | 2.3656 | 2.4089 | 2.4573 | 2.5121 | 2.5758 | 2.6521 | 2.7478 | 2.8782 | 3.0902 |

### $\chi^2$分布表

$P(\chi^2 \geqq \chi_n^2(\alpha)) = \alpha$ となる $\chi_n^2(\alpha)$ の値

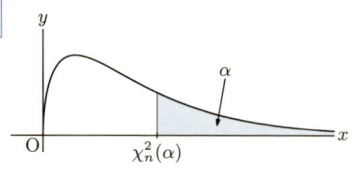

| $\alpha$ \ $n$ | 0.995 | 0.990 | 0.975 | 0.950 | 0.900 | 0.500 | 0.100 | 0.050 | 0.025 | 0.010 | 0.005 |
|---|---|---|---|---|---|---|---|---|---|---|---|
| 1 | 0.000 | 0.000 | 0.001 | 0.004 | 0.016 | 0.455 | 2.706 | 3.841 | 5.024 | 6.635 | 7.879 |
| 2 | 0.010 | 0.020 | 0.051 | 0.103 | 0.211 | 1.386 | 4.605 | 5.991 | 7.378 | 9.210 | 10.597 |
| 3 | 0.072 | 0.115 | 0.216 | 0.352 | 0.584 | 2.366 | 6.251 | 7.815 | 9.348 | 11.345 | 12.838 |
| 4 | 0.207 | 0.297 | 0.484 | 0.711 | 1.064 | 3.357 | 7.779 | 9.488 | 11.143 | 13.277 | 14.860 |
| 5 | 0.412 | 0.554 | 0.831 | 1.145 | 1.610 | 4.351 | 9.236 | 11.070 | 12.833 | 15.086 | 16.750 |
| 6 | 0.676 | 0.872 | 1.237 | 1.635 | 2.204 | 5.348 | 10.645 | 12.592 | 14.449 | 16.812 | 18.548 |
| 7 | 0.989 | 1.239 | 1.690 | 2.167 | 2.833 | 6.346 | 12.017 | 14.067 | 16.013 | 18.475 | 20.278 |
| 8 | 1.344 | 1.646 | 2.180 | 2.733 | 3.490 | 7.344 | 13.362 | 15.507 | 17.535 | 20.090 | 21.955 |
| 9 | 1.735 | 2.088 | 2.700 | 3.325 | 4.168 | 8.343 | 14.684 | 16.919 | 19.023 | 21.666 | 23.589 |
| 10 | 2.156 | 2.558 | 3.247 | 3.940 | 4.865 | 9.342 | 15.987 | 18.307 | 20.483 | 23.209 | 25.188 |
| 11 | 2.603 | 3.053 | 3.816 | 4.575 | 5.578 | 10.341 | 17.275 | 19.675 | 21.920 | 24.725 | 26.757 |
| 12 | 3.074 | 3.571 | 4.404 | 5.226 | 6.304 | 11.340 | 18.549 | 21.026 | 23.337 | 26.217 | 28.300 |
| 13 | 3.565 | 4.107 | 5.009 | 5.892 | 7.042 | 12.340 | 19.812 | 22.362 | 24.736 | 27.688 | 29.819 |
| 14 | 4.075 | 4.660 | 5.629 | 6.571 | 7.790 | 13.339 | 21.064 | 23.685 | 26.119 | 29.141 | 31.319 |
| 15 | 4.601 | 5.229 | 6.262 | 7.261 | 8.547 | 14.339 | 22.307 | 24.996 | 27.488 | 30.578 | 32.801 |
| 16 | 5.142 | 5.812 | 6.908 | 7.962 | 9.312 | 15.338 | 23.542 | 26.296 | 28.845 | 32.000 | 34.267 |
| 17 | 5.697 | 6.408 | 7.564 | 8.672 | 10.085 | 16.338 | 24.769 | 27.587 | 30.191 | 33.409 | 35.718 |
| 18 | 6.265 | 7.015 | 8.231 | 9.390 | 10.865 | 17.338 | 25.989 | 28.869 | 31.526 | 34.805 | 37.156 |
| 19 | 6.844 | 7.633 | 8.907 | 10.117 | 11.651 | 18.338 | 27.204 | 30.144 | 32.852 | 36.191 | 38.582 |
| 20 | 7.434 | 8.260 | 9.591 | 10.851 | 12.443 | 19.337 | 28.412 | 31.410 | 34.170 | 37.566 | 39.997 |
| 21 | 8.034 | 8.897 | 10.283 | 11.591 | 13.240 | 20.337 | 29.615 | 32.671 | 35.479 | 38.932 | 41.401 |
| 22 | 8.643 | 9.542 | 10.982 | 12.338 | 14.041 | 21.337 | 30.813 | 33.924 | 36.781 | 40.289 | 42.796 |
| 23 | 9.260 | 10.196 | 11.689 | 13.091 | 14.848 | 22.337 | 32.007 | 35.172 | 38.076 | 41.638 | 44.181 |
| 24 | 9.886 | 10.856 | 12.401 | 13.848 | 15.659 | 23.337 | 33.196 | 36.415 | 39.364 | 42.980 | 45.559 |
| 25 | 10.520 | 11.524 | 13.120 | 14.611 | 16.473 | 24.337 | 34.382 | 37.652 | 40.646 | 44.314 | 46.928 |
| 26 | 11.160 | 12.198 | 13.844 | 15.379 | 17.292 | 25.336 | 35.563 | 38.885 | 41.923 | 45.642 | 48.290 |
| 27 | 11.808 | 12.879 | 14.573 | 16.151 | 18.114 | 26.336 | 36.741 | 40.113 | 43.195 | 46.963 | 49.645 |
| 28 | 12.461 | 13.565 | 15.308 | 16.928 | 18.939 | 27.336 | 37.916 | 41.337 | 44.461 | 48.278 | 50.993 |
| 29 | 13.121 | 14.256 | 16.047 | 17.708 | 19.768 | 28.336 | 39.087 | 42.557 | 45.722 | 49.588 | 52.336 |
| 30 | 13.787 | 14.953 | 16.791 | 18.493 | 20.599 | 29.336 | 40.256 | 43.773 | 46.979 | 50.892 | 53.672 |
| 31 | 14.458 | 15.655 | 17.539 | 19.281 | 21.434 | 30.336 | 41.422 | 44.985 | 48.232 | 52.191 | 55.003 |
| 32 | 15.134 | 16.362 | 18.291 | 20.072 | 22.271 | 31.336 | 42.585 | 46.194 | 49.480 | 53.486 | 56.328 |
| 33 | 15.815 | 17.074 | 19.047 | 20.867 | 23.110 | 32.336 | 43.745 | 47.400 | 50.725 | 54.776 | 57.648 |
| 34 | 16.501 | 17.789 | 19.806 | 21.664 | 23.952 | 33.336 | 44.903 | 48.602 | 51.966 | 56.061 | 58.964 |
| 35 | 17.192 | 18.509 | 20.569 | 22.465 | 24.797 | 34.336 | 46.059 | 49.802 | 53.203 | 57.342 | 60.275 |
| 36 | 17.887 | 19.233 | 21.336 | 23.269 | 25.643 | 35.336 | 47.212 | 50.998 | 54.437 | 58.619 | 61.581 |
| 37 | 18.586 | 19.960 | 22.106 | 24.075 | 26.492 | 36.336 | 48.363 | 52.192 | 55.668 | 59.893 | 62.883 |
| 38 | 19.289 | 20.691 | 22.878 | 24.884 | 27.343 | 37.335 | 49.513 | 53.384 | 56.896 | 61.162 | 64.181 |
| 39 | 19.996 | 21.426 | 23.654 | 25.695 | 28.196 | 38.335 | 50.660 | 54.572 | 58.120 | 62.428 | 65.476 |
| 40 | 20.707 | 22.164 | 24.433 | 26.509 | 29.051 | 39.335 | 51.805 | 55.758 | 59.342 | 63.691 | 66.766 |
| 60 | 35.534 | 37.485 | 40.482 | 43.188 | 46.459 | 59.335 | 74.397 | 79.082 | 83.298 | 88.379 | 91.952 |
| 120 | 83.852 | 86.923 | 91.573 | 95.705 | 100.624 | 119.334 | 140.233 | 146.567 | 152.211 | 158.950 | 163.648 |
| 240 | 187.324 | 191.990 | 198.984 | 205.135 | 212.386 | 239.334 | 268.471 | 277.138 | 284.802 | 293.888 | 300.182 |

## $t$ 分布表

自由度 $n$ の $t$ 分布

$\alpha$ の値に対して
$P(T \geqq t_n(\alpha)) = \alpha$ となる $t_n(\alpha)$ の値

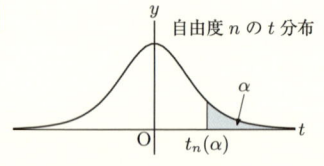

| $n$ \ $\alpha$ | 0.250 | 0.200 | 0.150 | 0.100 | 0.050 | 0.025 | 0.010 | 0.005 | 0.0005 |
|---|---|---|---|---|---|---|---|---|---|
| 1 | 1.000 | 1.376 | 1.963 | 3.078 | 6.314 | 12.706 | 31.821 | 63.657 | 636.619 |
| 2 | 0.816 | 1.061 | 1.386 | 1.886 | 2.920 | 4.303 | 6.965 | 9.925 | 31.599 |
| 3 | 0.765 | 0.978 | 1.250 | 1.638 | 2.353 | 3.182 | 4.541 | 5.841 | 12.924 |
| 4 | 0.741 | 0.941 | 1.190 | 1.533 | 2.132 | 2.776 | 3.747 | 4.604 | 8.610 |
| 5 | 0.727 | 0.920 | 1.156 | 1.476 | 2.015 | 2.571 | 3.365 | 4.032 | 6.869 |
| 6 | 0.718 | 0.906 | 1.134 | 1.440 | 1.943 | 2.447 | 3.143 | 3.707 | 5.959 |
| 7 | 0.711 | 0.896 | 1.119 | 1.415 | 1.895 | 2.365 | 2.998 | 3.499 | 5.408 |
| 8 | 0.706 | 0.889 | 1.108 | 1.397 | 1.860 | 2.306 | 2.896 | 3.355 | 5.041 |
| 9 | 0.703 | 0.883 | 1.100 | 1.383 | 1.833 | 2.262 | 2.821 | 3.250 | 4.781 |
| 10 | 0.700 | 0.879 | 1.093 | 1.372 | 1.812 | 2.228 | 2.764 | 3.169 | 4.587 |
| 11 | 0.697 | 0.876 | 1.088 | 1.363 | 1.796 | 2.201 | 2.718 | 3.106 | 4.437 |
| 12 | 0.695 | 0.873 | 1.083 | 1.356 | 1.782 | 2.179 | 2.681 | 3.055 | 4.318 |
| 13 | 0.694 | 0.870 | 1.079 | 1.350 | 1.771 | 2.160 | 2.650 | 3.012 | 4.221 |
| 14 | 0.692 | 0.868 | 1.076 | 1.345 | 1.761 | 2.145 | 2.624 | 2.977 | 4.140 |
| 15 | 0.691 | 0.866 | 1.074 | 1.341 | 1.753 | 2.131 | 2.602 | 2.947 | 4.073 |
| 16 | 0.690 | 0.865 | 1.071 | 1.337 | 1.746 | 2.120 | 2.583 | 2.921 | 4.015 |
| 17 | 0.689 | 0.863 | 1.069 | 1.333 | 1.740 | 2.110 | 2.567 | 2.898 | 3.965 |
| 18 | 0.688 | 0.862 | 1.067 | 1.330 | 1.734 | 2.101 | 2.552 | 2.878 | 3.922 |
| 19 | 0.688 | 0.861 | 1.066 | 1.328 | 1.729 | 2.093 | 2.539 | 2.861 | 3.883 |
| 20 | 0.687 | 0.860 | 1.064 | 1.325 | 1.725 | 2.086 | 2.528 | 2.845 | 3.850 |
| 21 | 0.686 | 0.859 | 1.063 | 1.323 | 1.721 | 2.080 | 2.518 | 2.831 | 3.819 |
| 22 | 0.686 | 0.858 | 1.061 | 1.321 | 1.717 | 2.074 | 2.508 | 2.819 | 3.792 |
| 23 | 0.685 | 0.858 | 1.060 | 1.319 | 1.714 | 2.069 | 2.500 | 2.807 | 3.768 |
| 24 | 0.685 | 0.857 | 1.059 | 1.318 | 1.711 | 2.064 | 2.492 | 2.797 | 3.745 |
| 25 | 0.684 | 0.856 | 1.058 | 1.316 | 1.708 | 2.060 | 2.485 | 2.787 | 3.725 |
| 26 | 0.684 | 0.856 | 1.058 | 1.315 | 1.706 | 2.056 | 2.479 | 2.779 | 3.707 |
| 27 | 0.684 | 0.855 | 1.057 | 1.314 | 1.703 | 2.052 | 2.473 | 2.771 | 3.690 |
| 28 | 0.683 | 0.855 | 1.056 | 1.313 | 1.701 | 2.048 | 2.467 | 2.763 | 3.674 |
| 29 | 0.683 | 0.854 | 1.055 | 1.311 | 1.699 | 2.045 | 2.462 | 2.756 | 3.659 |
| 30 | 0.683 | 0.854 | 1.055 | 1.310 | 1.697 | 2.042 | 2.457 | 2.750 | 3.646 |
| 31 | 0.682 | 0.853 | 1.054 | 1.309 | 1.696 | 2.040 | 2.453 | 2.744 | 3.633 |
| 32 | 0.682 | 0.853 | 1.054 | 1.309 | 1.694 | 2.037 | 2.449 | 2.738 | 3.622 |
| 33 | 0.682 | 0.853 | 1.053 | 1.308 | 1.692 | 2.035 | 2.445 | 2.733 | 3.611 |
| 34 | 0.682 | 0.852 | 1.052 | 1.307 | 1.691 | 2.032 | 2.441 | 2.728 | 3.601 |
| 35 | 0.682 | 0.852 | 1.052 | 1.306 | 1.690 | 2.030 | 2.438 | 2.724 | 3.591 |
| 40 | 0.681 | 0.851 | 1.050 | 1.303 | 1.684 | 2.021 | 2.423 | 2.704 | 3.551 |
| 60 | 0.679 | 0.848 | 1.045 | 1.296 | 1.671 | 2.000 | 2.390 | 2.660 | 3.460 |
| 120 | 0.677 | 0.845 | 1.041 | 1.289 | 1.658 | 1.980 | 2.358 | 2.617 | 3.373 |
| $\infty$ | 0.674 | 0.842 | 1.036 | 1.282 | 1.645 | 1.960 | 2.326 | 2.576 | 3.291 |

## $F$ 分布表 (1)

$P(F \geqq F_{m,n}(\alpha)) = \alpha$ となる $F_{m,n}(\alpha)$ の値 ($\alpha = 0.05$)

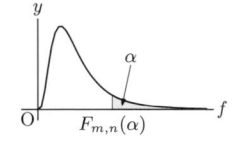

| n \ m | 1 | 2 | 3 | 4 | 5 | 6 | 7 | 8 | 9 | 10 |
|---|---|---|---|---|---|---|---|---|---|---|
| 1 | 161.448 | 199.500 | 215.707 | 224.583 | 230.162 | 233.986 | 236.768 | 238.883 | 240.543 | 241.882 |
| 2 | 18.513 | 19.000 | 19.164 | 19.247 | 19.296 | 19.330 | 19.353 | 19.371 | 19.385 | 19.396 |
| 3 | 10.128 | 9.552 | 9.277 | 9.117 | 9.013 | 8.941 | 8.887 | 8.845 | 8.812 | 8.786 |
| 4 | 7.709 | 6.944 | 6.591 | 6.388 | 6.256 | 6.163 | 6.094 | 6.041 | 5.999 | 5.964 |
| 5 | 6.608 | 5.786 | 5.409 | 5.192 | 5.050 | 4.950 | 4.876 | 4.818 | 4.772 | 4.735 |
| 6 | 5.987 | 5.143 | 4.757 | 4.534 | 4.387 | 4.284 | 4.207 | 4.147 | 4.099 | 4.060 |
| 7 | 5.591 | 4.737 | 4.347 | 4.120 | 3.972 | 3.866 | 3.787 | 3.726 | 3.677 | 3.637 |
| 8 | 5.318 | 4.459 | 4.066 | 3.838 | 3.687 | 3.581 | 3.500 | 3.438 | 3.388 | 3.347 |
| 9 | 5.117 | 4.256 | 3.863 | 3.633 | 3.482 | 3.374 | 3.293 | 3.230 | 3.179 | 3.137 |
| 10 | 4.965 | 4.103 | 3.708 | 3.478 | 3.326 | 3.217 | 3.135 | 3.072 | 3.020 | 2.978 |
| 11 | 4.844 | 3.982 | 3.587 | 3.357 | 3.204 | 3.095 | 3.012 | 2.948 | 2.896 | 2.854 |
| 12 | 4.747 | 3.885 | 3.490 | 3.259 | 3.106 | 2.996 | 2.913 | 2.849 | 2.796 | 2.753 |
| 13 | 4.667 | 3.806 | 3.411 | 3.179 | 3.025 | 2.915 | 2.832 | 2.767 | 2.714 | 2.671 |
| 14 | 4.600 | 3.739 | 3.344 | 3.112 | 2.958 | 2.848 | 2.764 | 2.699 | 2.646 | 2.602 |
| 15 | 4.543 | 3.682 | 3.287 | 3.056 | 2.901 | 2.790 | 2.707 | 2.641 | 2.588 | 2.544 |
| 16 | 4.494 | 3.634 | 3.239 | 3.007 | 2.852 | 2.741 | 2.657 | 2.591 | 2.538 | 2.494 |
| 17 | 4.451 | 3.592 | 3.197 | 2.965 | 2.810 | 2.699 | 2.614 | 2.548 | 2.494 | 2.450 |
| 18 | 4.414 | 3.555 | 3.160 | 2.928 | 2.773 | 2.661 | 2.577 | 2.510 | 2.456 | 2.412 |
| 19 | 4.381 | 3.522 | 3.127 | 2.895 | 2.740 | 2.628 | 2.544 | 2.477 | 2.423 | 2.378 |
| 20 | 4.351 | 3.493 | 3.098 | 2.866 | 2.711 | 2.599 | 2.514 | 2.447 | 2.393 | 2.348 |
| 21 | 4.325 | 3.467 | 3.072 | 2.840 | 2.685 | 2.573 | 2.488 | 2.420 | 2.366 | 2.321 |
| 22 | 4.301 | 3.443 | 3.049 | 2.817 | 2.661 | 2.549 | 2.464 | 2.397 | 2.342 | 2.297 |
| 23 | 4.279 | 3.422 | 3.028 | 2.796 | 2.640 | 2.528 | 2.442 | 2.375 | 2.320 | 2.275 |
| 24 | 4.260 | 3.403 | 3.009 | 2.776 | 2.621 | 2.508 | 2.423 | 2.355 | 2.300 | 2.255 |
| 25 | 4.242 | 3.385 | 2.991 | 2.759 | 2.603 | 2.490 | 2.405 | 2.337 | 2.282 | 2.236 |
| 26 | 4.225 | 3.369 | 2.975 | 2.743 | 2.587 | 2.474 | 2.388 | 2.321 | 2.265 | 2.220 |
| 27 | 4.210 | 3.354 | 2.960 | 2.728 | 2.572 | 2.459 | 2.373 | 2.305 | 2.250 | 2.204 |
| 28 | 4.196 | 3.340 | 2.947 | 2.714 | 2.558 | 2.445 | 2.359 | 2.291 | 2.236 | 2.190 |
| 29 | 4.183 | 3.328 | 2.934 | 2.701 | 2.545 | 2.432 | 2.346 | 2.278 | 2.223 | 2.177 |
| 30 | 4.171 | 3.316 | 2.922 | 2.690 | 2.534 | 2.421 | 2.334 | 2.266 | 2.211 | 2.165 |
| 40 | 4.085 | 3.232 | 2.839 | 2.606 | 2.449 | 2.336 | 2.249 | 2.180 | 2.124 | 2.077 |
| 60 | 4.001 | 3.150 | 2.758 | 2.525 | 2.368 | 2.254 | 2.167 | 2.097 | 2.040 | 1.993 |
| 120 | 3.920 | 3.072 | 2.680 | 2.447 | 2.290 | 2.175 | 2.087 | 2.016 | 1.959 | 1.910 |
| $\infty$ | 3.841 | 2.996 | 2.605 | 2.372 | 2.214 | 2.099 | 2.010 | 1.938 | 1.880 | 1.831 |

## $F$ 分布表 (2)

$P(F \geqq F_{m,n}(\alpha)) = \alpha$ となる $F_{m,n}(\alpha)$ の値 $(\alpha = 0.05)$

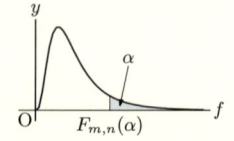

| n \ m | 12 | 15 | 20 | 24 | 30 | 40 | 60 | 120 | ∞ |
|---|---|---|---|---|---|---|---|---|---|
| 1 | 243.906 | 245.950 | 248.013 | 249.052 | 250.095 | 251.143 | 252.196 | 253.253 | 254.314 |
| 2 | 19.413 | 19.429 | 19.446 | 19.454 | 19.462 | 19.471 | 19.479 | 19.487 | 19.496 |
| 3 | 8.745 | 8.703 | 8.660 | 8.639 | 8.617 | 8.594 | 8.572 | 8.549 | 8.526 |
| 4 | 5.912 | 5.858 | 5.803 | 5.774 | 5.746 | 5.717 | 5.688 | 5.658 | 5.628 |
| 5 | 4.678 | 4.619 | 4.558 | 4.527 | 4.496 | 4.464 | 4.431 | 4.398 | 4.365 |
| 6 | 4.000 | 3.938 | 3.874 | 3.841 | 3.808 | 3.774 | 3.740 | 3.705 | 3.669 |
| 7 | 3.575 | 3.511 | 3.445 | 3.410 | 3.376 | 3.340 | 3.304 | 3.267 | 3.230 |
| 8 | 3.284 | 3.218 | 3.150 | 3.115 | 3.079 | 3.043 | 3.005 | 2.967 | 2.928 |
| 9 | 3.073 | 3.006 | 2.936 | 2.900 | 2.864 | 2.826 | 2.787 | 2.748 | 2.707 |
| 10 | 2.913 | 2.845 | 2.774 | 2.737 | 2.700 | 2.661 | 2.621 | 2.580 | 2.538 |
| 11 | 2.788 | 2.719 | 2.646 | 2.609 | 2.570 | 2.531 | 2.490 | 2.448 | 2.404 |
| 12 | 2.687 | 2.617 | 2.544 | 2.505 | 2.466 | 2.426 | 2.384 | 2.341 | 2.296 |
| 13 | 2.604 | 2.533 | 2.459 | 2.420 | 2.380 | 2.339 | 2.297 | 2.252 | 2.206 |
| 14 | 2.534 | 2.463 | 2.388 | 2.349 | 2.308 | 2.266 | 2.223 | 2.178 | 2.131 |
| 15 | 2.475 | 2.403 | 2.328 | 2.288 | 2.247 | 2.204 | 2.160 | 2.114 | 2.066 |
| 16 | 2.425 | 2.352 | 2.276 | 2.235 | 2.194 | 2.151 | 2.106 | 2.059 | 2.010 |
| 17 | 2.381 | 2.308 | 2.230 | 2.190 | 2.148 | 2.104 | 2.058 | 2.011 | 1.960 |
| 18 | 2.342 | 2.269 | 2.191 | 2.150 | 2.107 | 2.063 | 2.017 | 1.968 | 1.917 |
| 19 | 2.308 | 2.234 | 2.155 | 2.114 | 2.071 | 2.026 | 1.980 | 1.930 | 1.878 |
| 20 | 2.278 | 2.203 | 2.124 | 2.082 | 2.039 | 1.994 | 1.946 | 1.896 | 1.843 |
| 21 | 2.250 | 2.176 | 2.096 | 2.054 | 2.010 | 1.965 | 1.916 | 1.866 | 1.812 |
| 22 | 2.226 | 2.151 | 2.071 | 2.028 | 1.984 | 1.938 | 1.889 | 1.838 | 1.783 |
| 23 | 2.204 | 2.128 | 2.048 | 2.005 | 1.961 | 1.914 | 1.865 | 1.813 | 1.757 |
| 24 | 2.183 | 2.108 | 2.027 | 1.984 | 1.939 | 1.892 | 1.842 | 1.790 | 1.733 |
| 25 | 2.165 | 2.089 | 2.007 | 1.964 | 1.919 | 1.872 | 1.822 | 1.768 | 1.711 |
| 26 | 2.148 | 2.072 | 1.990 | 1.946 | 1.901 | 1.853 | 1.803 | 1.749 | 1.691 |
| 27 | 2.132 | 2.056 | 1.974 | 1.930 | 1.884 | 1.836 | 1.785 | 1.731 | 1.672 |
| 28 | 2.118 | 2.041 | 1.959 | 1.915 | 1.869 | 1.820 | 1.769 | 1.714 | 1.654 |
| 29 | 2.104 | 2.027 | 1.945 | 1.901 | 1.854 | 1.806 | 1.754 | 1.698 | 1.638 |
| 30 | 2.092 | 2.015 | 1.932 | 1.887 | 1.841 | 1.792 | 1.740 | 1.683 | 1.622 |
| 40 | 2.003 | 1.924 | 1.839 | 1.793 | 1.744 | 1.693 | 1.637 | 1.577 | 1.509 |
| 60 | 1.917 | 1.836 | 1.748 | 1.700 | 1.649 | 1.594 | 1.534 | 1.467 | 1.389 |
| 120 | 1.834 | 1.750 | 1.659 | 1.608 | 1.554 | 1.495 | 1.429 | 1.352 | 1.254 |
| ∞ | 1.752 | 1.666 | 1.571 | 1.517 | 1.459 | 1.394 | 1.318 | 1.221 | 1.000 |

## F 分布表 (3)

$P(F \geq F_{m,n}(\alpha)) = \alpha$ となる $F_{m,n}(\alpha)$ の値 ($\alpha = 0.025$)

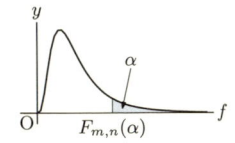

| n \ m | 1 | 2 | 3 | 4 | 5 | 6 | 7 | 8 | 9 | 10 |
|---|---|---|---|---|---|---|---|---|---|---|
| 1 | 647.789 | 799.500 | 864.163 | 899.583 | 921.848 | 937.111 | 948.217 | 956.656 | 963.285 | 968.627 |
| 2 | 38.506 | 39.000 | 39.165 | 39.248 | 39.298 | 39.331 | 39.355 | 39.373 | 39.387 | 39.398 |
| 3 | 17.443 | 16.044 | 15.439 | 15.101 | 14.885 | 14.735 | 14.624 | 14.540 | 14.473 | 14.419 |
| 4 | 12.218 | 10.649 | 9.979 | 9.605 | 9.364 | 9.197 | 9.074 | 8.980 | 8.905 | 8.844 |
| 5 | 10.007 | 8.434 | 7.764 | 7.388 | 7.146 | 6.978 | 6.853 | 6.757 | 6.681 | 6.619 |
| 6 | 8.813 | 7.260 | 6.599 | 6.227 | 5.988 | 5.820 | 5.695 | 5.600 | 5.523 | 5.461 |
| 7 | 8.073 | 6.542 | 5.890 | 5.523 | 5.285 | 5.119 | 4.995 | 4.899 | 4.823 | 4.761 |
| 8 | 7.571 | 6.059 | 5.416 | 5.053 | 4.817 | 4.652 | 4.529 | 4.433 | 4.357 | 4.295 |
| 9 | 7.209 | 5.715 | 5.078 | 4.718 | 4.484 | 4.320 | 4.197 | 4.102 | 4.026 | 3.964 |
| 10 | 6.937 | 5.456 | 4.826 | 4.468 | 4.236 | 4.072 | 3.950 | 3.855 | 3.779 | 3.717 |
| 11 | 6.724 | 5.256 | 4.630 | 4.275 | 4.044 | 3.881 | 3.759 | 3.664 | 3.588 | 3.526 |
| 12 | 6.554 | 5.096 | 4.474 | 4.121 | 3.891 | 3.728 | 3.607 | 3.512 | 3.436 | 3.374 |
| 13 | 6.414 | 4.965 | 4.347 | 3.996 | 3.767 | 3.604 | 3.483 | 3.388 | 3.312 | 3.250 |
| 14 | 6.298 | 4.857 | 4.242 | 3.892 | 3.663 | 3.501 | 3.380 | 3.285 | 3.209 | 3.147 |
| 15 | 6.200 | 4.765 | 4.153 | 3.804 | 3.576 | 3.415 | 3.293 | 3.199 | 3.123 | 3.060 |
| 16 | 6.115 | 4.687 | 4.077 | 3.729 | 3.502 | 3.341 | 3.219 | 3.125 | 3.049 | 2.986 |
| 17 | 6.042 | 4.619 | 4.011 | 3.665 | 3.438 | 3.277 | 3.156 | 3.061 | 2.985 | 2.922 |
| 18 | 5.978 | 4.560 | 3.954 | 3.608 | 3.382 | 3.221 | 3.100 | 3.005 | 2.929 | 2.866 |
| 19 | 5.922 | 4.508 | 3.903 | 3.559 | 3.333 | 3.172 | 3.051 | 2.956 | 2.880 | 2.817 |
| 20 | 5.871 | 4.461 | 3.859 | 3.515 | 3.289 | 3.128 | 3.007 | 2.913 | 2.837 | 2.774 |
| 21 | 5.827 | 4.420 | 3.819 | 3.475 | 3.250 | 3.090 | 2.969 | 2.874 | 2.798 | 2.735 |
| 22 | 5.786 | 4.383 | 3.783 | 3.440 | 3.215 | 3.055 | 2.934 | 2.839 | 2.763 | 2.700 |
| 23 | 5.750 | 4.349 | 3.750 | 3.408 | 3.183 | 3.023 | 2.902 | 2.808 | 2.731 | 2.668 |
| 24 | 5.717 | 4.319 | 3.721 | 3.379 | 3.155 | 2.995 | 2.874 | 2.779 | 2.703 | 2.640 |
| 25 | 5.686 | 4.291 | 3.694 | 3.353 | 3.129 | 2.969 | 2.848 | 2.753 | 2.677 | 2.613 |
| 26 | 5.659 | 4.265 | 3.670 | 3.329 | 3.105 | 2.945 | 2.824 | 2.729 | 2.653 | 2.590 |
| 27 | 5.633 | 4.242 | 3.647 | 3.307 | 3.083 | 2.923 | 2.802 | 2.707 | 2.631 | 2.568 |
| 28 | 5.610 | 4.221 | 3.626 | 3.286 | 3.063 | 2.903 | 2.782 | 2.687 | 2.611 | 2.547 |
| 29 | 5.588 | 4.201 | 3.607 | 3.267 | 3.044 | 2.884 | 2.763 | 2.669 | 2.592 | 2.529 |
| 30 | 5.568 | 4.182 | 3.589 | 3.250 | 3.026 | 2.867 | 2.746 | 2.651 | 2.575 | 2.511 |
| 40 | 5.424 | 4.051 | 3.463 | 3.126 | 2.904 | 2.744 | 2.624 | 2.529 | 2.452 | 2.388 |
| 60 | 5.286 | 3.925 | 3.343 | 3.008 | 2.786 | 2.627 | 2.507 | 2.412 | 2.334 | 2.270 |
| 120 | 5.152 | 3.805 | 3.227 | 2.894 | 2.674 | 2.515 | 2.395 | 2.299 | 2.222 | 2.157 |
| ∞ | 5.024 | 3.689 | 3.116 | 2.786 | 2.567 | 2.408 | 2.288 | 2.192 | 2.114 | 2.048 |

## $F$ 分布表 (4)

$P(F \geqq F_{m,n}(\alpha)) = \alpha$ となる $F_{m,n}(\alpha)$ の値 ($\alpha = 0.025$)

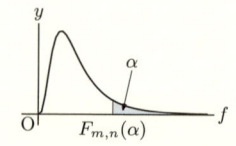

| $n$ \ $m$ | 12 | 15 | 20 | 24 | 30 | 40 | 60 | 120 | $\infty$ |
|---|---|---|---|---|---|---|---|---|---|
| 1 | 976.708 | 984.867 | 993.103 | 997.249 | 1001.414 | 1005.598 | 1009.800 | 1014.020 | 1018.258 |
| 2 | 39.415 | 39.431 | 39.448 | 39.456 | 39.465 | 39.473 | 39.481 | 39.490 | 39.498 |
| 3 | 14.337 | 14.253 | 14.167 | 14.124 | 14.081 | 14.037 | 13.992 | 13.947 | 13.902 |
| 4 | 8.751 | 8.657 | 8.560 | 8.511 | 8.461 | 8.411 | 8.360 | 8.309 | 8.257 |
| 5 | 6.525 | 6.428 | 6.329 | 6.278 | 6.227 | 6.175 | 6.123 | 6.069 | 6.015 |
| 6 | 5.366 | 5.269 | 5.168 | 5.117 | 5.065 | 5.012 | 4.959 | 4.904 | 4.849 |
| 7 | 4.666 | 4.568 | 4.467 | 4.415 | 4.362 | 4.309 | 4.254 | 4.199 | 4.142 |
| 8 | 4.200 | 4.101 | 3.999 | 3.947 | 3.894 | 3.840 | 3.784 | 3.728 | 3.670 |
| 9 | 3.868 | 3.769 | 3.667 | 3.614 | 3.560 | 3.505 | 3.449 | 3.392 | 3.333 |
| 10 | 3.621 | 3.522 | 3.419 | 3.365 | 3.311 | 3.255 | 3.198 | 3.140 | 3.080 |
| 11 | 3.430 | 3.330 | 3.226 | 3.173 | 3.118 | 3.061 | 3.004 | 2.944 | 2.883 |
| 12 | 3.277 | 3.177 | 3.073 | 3.019 | 2.963 | 2.906 | 2.848 | 2.787 | 2.725 |
| 13 | 3.153 | 3.053 | 2.948 | 2.893 | 2.837 | 2.780 | 2.720 | 2.659 | 2.595 |
| 14 | 3.050 | 2.949 | 2.844 | 2.789 | 2.732 | 2.674 | 2.614 | 2.552 | 2.487 |
| 15 | 2.963 | 2.862 | 2.756 | 2.701 | 2.644 | 2.585 | 2.524 | 2.461 | 2.395 |
| 16 | 2.889 | 2.788 | 2.681 | 2.625 | 2.568 | 2.509 | 2.447 | 2.383 | 2.316 |
| 17 | 2.825 | 2.723 | 2.616 | 2.560 | 2.502 | 2.442 | 2.380 | 2.315 | 2.247 |
| 18 | 2.769 | 2.667 | 2.559 | 2.503 | 2.445 | 2.384 | 2.321 | 2.256 | 2.187 |
| 19 | 2.720 | 2.617 | 2.509 | 2.452 | 2.394 | 2.333 | 2.270 | 2.203 | 2.133 |
| 20 | 2.676 | 2.573 | 2.464 | 2.408 | 2.349 | 2.287 | 2.223 | 2.156 | 2.085 |
| 21 | 2.637 | 2.534 | 2.425 | 2.368 | 2.308 | 2.246 | 2.182 | 2.114 | 2.042 |
| 22 | 2.602 | 2.498 | 2.389 | 2.331 | 2.272 | 2.210 | 2.145 | 2.076 | 2.003 |
| 23 | 2.570 | 2.466 | 2.357 | 2.299 | 2.239 | 2.176 | 2.111 | 2.041 | 1.968 |
| 24 | 2.541 | 2.437 | 2.327 | 2.269 | 2.209 | 2.146 | 2.080 | 2.010 | 1.935 |
| 25 | 2.515 | 2.411 | 2.300 | 2.242 | 2.182 | 2.118 | 2.052 | 1.981 | 1.906 |
| 26 | 2.491 | 2.387 | 2.276 | 2.217 | 2.157 | 2.093 | 2.026 | 1.954 | 1.878 |
| 27 | 2.469 | 2.364 | 2.253 | 2.195 | 2.133 | 2.069 | 2.002 | 1.930 | 1.853 |
| 28 | 2.448 | 2.344 | 2.232 | 2.174 | 2.112 | 2.048 | 1.980 | 1.907 | 1.829 |
| 29 | 2.430 | 2.325 | 2.213 | 2.154 | 2.092 | 2.028 | 1.959 | 1.886 | 1.807 |
| 30 | 2.412 | 2.307 | 2.195 | 2.136 | 2.074 | 2.009 | 1.940 | 1.866 | 1.787 |
| 40 | 2.288 | 2.182 | 2.068 | 2.007 | 1.943 | 1.875 | 1.803 | 1.724 | 1.637 |
| 60 | 2.169 | 2.061 | 1.944 | 1.882 | 1.815 | 1.744 | 1.667 | 1.581 | 1.482 |
| 120 | 2.055 | 1.945 | 1.825 | 1.760 | 1.690 | 1.614 | 1.530 | 1.433 | 1.310 |
| $\infty$ | 1.945 | 1.833 | 1.708 | 1.640 | 1.566 | 1.484 | 1.388 | 1.268 | 1.000 |

## 基礎公式

- **組合せの公式**

$$_n\mathrm{C}_r = \frac{_n\mathrm{P}_r}{r!} = \frac{n(n-1)\cdots(n-r+1)}{r!} = \frac{n!}{(n-r)!r!}$$

- **極値をとるための必要条件**

$f(x, y)$ が $(a, b)$ で極値をとる $\implies f_x(a, b) = 0,\ f_y(a, b) = 0$

## 確率

- **確率の性質** ➡ p.6,7,8,14

  ○ $0 \leqq P(A) \leqq 1$

  ○ $P(\Omega) = 1,\ P(\phi) = 0$

  ○ $P(\overline{A}) = 1 - P(A)$ （余事象の確率）

  ○ $P(A \cup B) = P(A) + P(B) - P(A \cap B)$ （確率の加法定理）

  ○ $P(A \cap B) = P(A)P_A(B) = P(B)P_B(A)$ （確率の乗法定理）

  $P_A(B),\ P_B(A)$ は条件つき確率

- **期待値（平均）** ➡ p.9

$$E = x_1 p_1 + x_2 p_2 + \cdots + x_n p_n = \sum_{i=1}^{n} x_i p_i$$

- **事象の独立** ➡ p.17,18

  事象 $B$ は $A$ に独立である $\iff P_A(B) = P(B)$

  このとき

  $P(A \cap B) = P(A)P(B)\ ,\ P_B(A) = P(A)$

- **反復試行の確率** ➡ p.21

  $_n\mathrm{C}_k p^k q^{n-k} \qquad (q = 1-p,\ k = 0,\ 1,\ 2,\ \cdots,\ n)$

- **ベイズの定理** ➡ p.23

  $A_1,\ A_2,\ \cdots,\ A_n$ が互いに排反，$A_1 \cup A_2 \cup \cdots \cup A_n = \Omega$ のとき

$$P_B(A_k) = \frac{P(A_k)P_{A_k}(B)}{P(B)} = \frac{P(A_k)P_{A_k}(B)}{\sum_{i=1}^{n} P(A_i)P_{A_i}(B)} \qquad (k = 1,\ 2,\ \cdots,\ n)$$

  $P_B(A_k)$ を事後確率という．

## データの整理

- 平均 ➡ p.30,31

$$\overline{x} = \frac{1}{n}\sum_{i=1}^{n} x_i, \quad \overline{x} = \frac{1}{n}\sum_{i=1}^{k} x_i f_i \quad (x_i \text{ は階級値,} \ f_i \text{ は度数})$$

- 分散と標準偏差 ➡ p.35,37

$${s_x}^2 = \frac{1}{n}\sum_{i=1}^{n}(x_i - \overline{x})^2, \quad {s_x}^2 = \frac{1}{n}\sum_{i=1}^{k}(x_i - \overline{x})^2 f_i, \quad s_x = \sqrt{{s_x}^2}$$

- 平均・分散・標準偏差の性質 ➡ p.32,36,38

  ○ ${s_x}^2 = \overline{x^2} - \overline{x}^2 = \dfrac{1}{n}\sum_{i=1}^{k} x_i^2 f_i - \overline{x}^2$

  ○ $y = ax + b$ のとき $\overline{y} = a\overline{x} + b, \ {s_y}^2 = a^2 {s_x}^2, \ s_y = |a| s_x$

- 2 次元のデータ ➡ p.45,46,50

  $x, y$ の共分散 $\quad s_{xy} = \dfrac{1}{n}\sum_{i=1}^{n}(x_i - \overline{x})(y_i - \overline{y}) = \overline{xy} - \overline{x}\,\overline{y}$

  $x, y$ の相関係数 $\quad r = \dfrac{s_{xy}}{s_x s_y}$

  回帰直線の方程式 $\quad y - \overline{y} = \dfrac{s_{xy}}{{s_x}^2}(x - \overline{x})$

## 確率分布

|  | 離散型 | 連続型 |
|---|---|---|
| 確率分布 | $P(X = x_i) = p_i$ | $P(a \leqq X \leqq b) = \displaystyle\int_a^b f(x)\,dx$ |
| 平均 $\mu = E[X]$ | $\displaystyle\sum_{i=1}^{n} x_i p_i$ | $\displaystyle\int_{-\infty}^{\infty} x f(x)\,dx$ |
| 分散 $\sigma^2 = V[X]$ | $\displaystyle\sum_{i=1}^{n}(x_i - \mu)^2 p_i$ | $\displaystyle\int_{-\infty}^{\infty}(x - \mu)^2 f(x)\,dx$ |

- 平均・分散の性質 ➡ p.57,58

  ○ $E[c] = c, \ E[aX + b] = aE[x] + b$

  ○ $V[X] = E[X^2] - (E[X])^2, \ V[aX + b] = a^2 V[X]$

付録 175

- **主な確率分布** ➡ p.59,60,61,66

  二項分布 $B(n, p)$　　$P(X = k) = {}_nC_k p^k q^{n-k}$　　平均 $np$, 分散 $npq$

  ポアソン分布 $P_o(\lambda)$　　$P(X = k) = e^{-\lambda} \dfrac{\lambda^k}{k!}$　　平均 $\lambda$, 分散 $\lambda$

  $(a, b)$ 上の一様分布　　$f(x) = \begin{cases} \dfrac{1}{b-a} & (a < x < b) \\ 0 & (x < a,\ x > b) \end{cases}$

- **正規分布 $N(\mu, \sigma^2)$ と標準正規分布 $N(0, 1)$** ➡ p.70,72

  確率密度関数　$f(x) = \dfrac{1}{\sqrt{2\pi}\,\sigma} \exp\left(-\dfrac{(x-\mu)^2}{2\sigma^2}\right),\ \phi(z) = \dfrac{1}{\sqrt{2\pi}} e^{-\frac{z^2}{2}}$

  平均と分散　　$\mu,\ \sigma^2$　　　　　　　　　　　　　　$0,\ 1$

  標準化　　　　$Z = \dfrac{X - \mu}{\sigma}$

- **統計量と標本** ➡ p.83

  標本平均　　　$\overline{X} = \dfrac{1}{n}\sum_{i=1}^{n} X_i$

  標本分散　　　$S^2 = \dfrac{1}{n}\sum_{i=1}^{n}(X_i - \overline{X})^2$

  不偏分散　　　$U^2 = \dfrac{1}{n-1}\sum_{i=1}^{n}(X_i - \overline{X})^2 = \dfrac{n}{n-1}S^2$

- **標本平均の平均と分散** ➡ p.84

  母集団の平均 $\mu$, 分散 $\sigma^2$ のとき　　$E[\overline{X}] = \mu,\ V[\overline{X}] = \dfrac{\sigma^2}{n}$

  特に, 正規母集団のときは, $\overline{X}$ は $N\!\left(\mu,\ \dfrac{\sigma^2}{n}\right)$ に従う.

- **中心極限定理** ➡ p.85

  $n$ が大きいとき, $\overline{X}$ は近似的に正規分布 $N\!\left(\mu,\ \dfrac{\sigma^2}{n}\right)$ に従う.

- **正規母集団からの標本分布** ➡ p.87,88,89,90

| 分布 | 分布に従う統計量 | 自由度 |
|---|---|---|
| $\chi^2$ 分布 | $\dfrac{(n-1)U^2}{\sigma^2}$ | $n-1$ |
| $t$ 分布 | $\dfrac{\overline{X} - \mu}{\sqrt{U^2/n}}$ | $n-1$ |
| $F$ 分布 | $\dfrac{{U_1}^2}{{U_2}^2}$ | $(n_1-1,\ n_2-1)$ |

## 統計的検定

- **母平均の検定**　正規母集団とする．　　　　　➡ p.110,111,112,113

  帰無仮説 $H_0 : \mu = \mu_0$

  対立仮説 $H_1 : \mu \neq \mu_0$（両側検定），$\mu > \mu_0$（右側検定），$\mu < \mu_0$（左側検定）

  | 母分散 $\sigma^2$ | 既知 | 未知 | 未知 |
  |---|---|---|---|
  | 標本の大きさ $n$ | | 大きい | 小さい |
  | 検定統計量 | $Z = \dfrac{\overline{X} - \mu_0}{\sqrt{\sigma^2/n}}$ | $Z = \dfrac{\overline{X} - \mu_0}{\sqrt{U^2/n}}$ | $T = \dfrac{\overline{X} - \mu_0}{\sqrt{U^2/n}}$ |
  | 両側検定の棄却域 | $\lvert Z \rvert \geqq z_{\alpha/2}$ | $\lvert Z \rvert \geqq z_{\alpha/2}$ | $\lvert T \rvert \geqq t_{n-1}(\alpha/2)$ |

- **母分散の検定**　正規母集団とする．　　　　　➡ p.115

  帰無仮説　　　　　$H_0 : \sigma^2 = \sigma_0^2$

  検定統計量　　　　$X = \dfrac{(n-1)U^2}{\sigma_0^2}$

  右側検定の棄却域　$X \geqq \chi_{n-1}^2(\alpha)$

- **等分散の検定**　正規母集団とする．　　　　　➡ p.117

  帰無仮説　　$H_0 : \sigma_1{}^2 = \sigma_2{}^2$

  検定統計量　$F = \dfrac{U_1{}^2}{U_2{}^2}$, $F' = \dfrac{U_2{}^2}{U_1{}^2}$

  左側検定の棄却域　$F' \geqq F_{n_2-1, n_1-1}(\alpha)$

- **平均の差の検定**　正規母集団で，標本の大きさ $n$ は大きいとする．　➡ p.119

  帰無仮説　$H_0 : \mu_1 = \mu_2$

  検定統計量　$Z = \dfrac{\overline{X} - \overline{Y}}{\sqrt{U_1{}^2/n_1 + U_2{}^2/n_2}}$　（$\sigma_1, \sigma_2$ が未知のとき）

- **母比率の検定**　標本の大きさ $n$ は大きいとする．　➡ p.121

  帰無仮説　　$H_0 : p = p_0$

  検定統計量　$Z = \dfrac{\widehat{P} - p_0}{\sqrt{p_0 q_0/n}}$　（近似的に標準正規分布に従う）

| 執筆 | 小山工業高等専門学校名誉教授 | 新井 一道 |
| --- | --- | --- |
| | 東京工業高等専門学校教授 | 市川 裕子 |
| | 東邦大学理学部訪問教授 | 高遠 節夫 |
| | 都城工業高等専門学校教授 | 野町 俊文 |
| | 都立産業技術高等専門学校名誉教授 | 向山 一男 |
| | 松江工業高等専門学校教授 | 村上 享 |
| 執筆協力 | 阿南工業高等専門学校名誉教授 | 小柴 俊彦 |
| 校閲 | 下関市立大学経済学部教授 | 大内 俊二 |
| | 福井工業高等専門学校教授 | 坪川 武弘 |
| | 一関工業高等専門学校准教授 | 八戸 俊貴 |
| | 鹿児島工業高等専門学校名誉教授 | 藤崎 恒晏 |
| | 北九州工業高等専門学校教授 | 山田 康隆 |
| | 長岡工業高等専門学校名誉教授 | 涌田 和芳 |
| | 横浜市立大学データサイエンス学部教授 | 汪 金芳 |

2013.11.1 初版発行
2018.12.1 八版発行

表紙・カバー
田中 晋

## 新 確率統計

著作者　高遠　節夫　ほか5名
発行者　大日本図書株式会社　代表　藤川　広
印刷者　錦明印刷株式会社　代表　塚田　司郎
　　　　〒101-0065 東京都千代田区西神田3-3-3
発行所　大日本図書株式会社
　　　　〒112-0012 東京都文京区大塚3-11-6
振替口座：00190-2-219　電話 03-5940-8673（編集），8676（供給）
中部支社　名古屋市千種区内山1-14-19 高島ビル　　電話 052-733-6662
関西支社　大阪市北区東天満2-9-4 千代田ビル東館6階 電話 06-6354-7315
九州支社　福岡市中央区赤坂1-15-33 ダイアビル福岡赤坂7階
　　　　　　　　　　　　　　　　　　　　　　　　電話 092-688-9595

Ⓒ K.Arai Y.Ichikawa S.Takato T.Nomachi K.Mukouyama A.Murakami
Printed in Japan
版権本社所有・禁転載複製
乱丁・落丁がありましたときはお取り替えいたします。

ISBN978-4-477-02686-2

## 新「数学」シリーズ 教科書
（A5判上製）

**高専・大学教科書の決定版！　図版が見やすい2色刷り**

新基礎数学　268頁　本体 1,800円＋税
新微分積分Ⅰ　172頁　本体 1,600円＋税
新微分積分Ⅱ　188頁　本体 1,700円＋税
新線形代数　184頁　本体 1,700円＋税
新確率統計　184頁　本体 1,700円＋税
新応用数学　212頁　本体 1,800円＋税

## 新「数学」シリーズ 問題集
（B5判）

**教科書に合わせて全面改訂**

新基礎数学 問題集　136頁　本体 900円＋税
新微分積分Ⅰ 問題集　96頁　本体 840円＋税
新微分積分Ⅱ 問題集　112頁　本体 900円＋税
新線形代数 問題集　104頁　本体 900円＋税
新確率統計 問題集　84頁　本体 840円＋税
新応用数学 問題集　104頁　本体 840円＋税

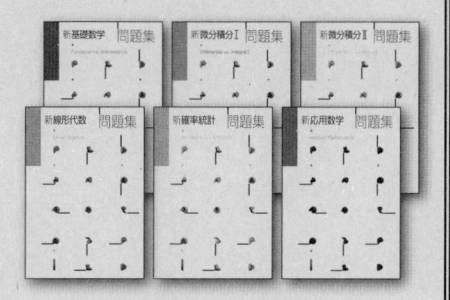

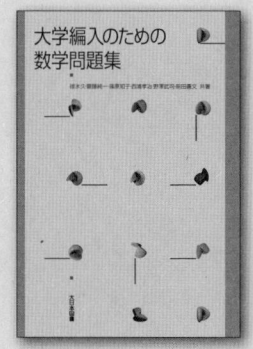

## 大学編入のための数学問題集
■ A5判／304頁　■ 本体 2,400円＋税

大学編入を目指す高専生のための問題集です。
実力確認テストから問題A，B，Cと，段階的に実力を身につけられます。
ベクトル空間についても，具体例をもとに学習できます。
問題編96頁，解答編200頁の2部構成で，
詳しい解答が自学自習に最適と好評です。

- **1章 微分積分Ⅰ**：微分／積分
- **2章 微分積分Ⅱ**：関数の展開／偏微分／重積分／微分方程式
- **3章 線形代数**：ベクトル／行列と行列式／線形変換／固有値とその応用／ベクトル空間
- **4章 応用数学**：ベクトル解析・ラプラス変換・フーリエ解析／複素関数
- **5章 確率統計**：確率・確率分布

## はじめて学ぶ ベクトル空間
■ A5判／152頁　■ 本体 1,600円＋税

「線形代数」を学習した学生が対象の入門書です。
1章は基本事項の復習，2章以降で，抽象的なベクトル空間について，
身近なものから高度なものまで身につけられるよう構成しました。

- **1章 ベクトル・行列・行列式**：ベクトルの演算／ベクトルの内積／行列の演算／連立1次方程式と消去法／逆行列／行列式／行列の正則性／ベクトルの線形独立・線形従属／集合
- **2章 数ベクトル空間**：数ベクトル空間／線形独立／基底／基底の変換／内積と正規直交基底
- **3章 線形変換と線形写像**：線形変換／固有値と固有ベクトル／線形写像
- **4章 部分空間**：部分空間の定義／部分空間の基底と次元／線形写像と部分空間／直交補空間
- **5章 いろいろなベクトル空間**：一般のベクトル空間／複素数ベクトル空間
- **補章** ジョルダン標準形